新工人三级安全教育丛书

危险化学品企业新工人三级安全教育读本
（第二版）

主编　张　荣　贺小兰
主审　练学宁

中国劳动社会保障出版社

图书在版编目（CIP）数据

危险化学品企业新工人三级安全教育读本/张荣，贺小兰主编. —2 版. —北京：中国劳动社会保障出版社，2015
（新工人三级安全教育丛书）
ISBN 978 - 7 - 5167 - 1838 - 4

Ⅰ. ①危…　Ⅱ. ①张…②贺…　Ⅲ. ①化工产品-危险品-安全生产-安全教育　Ⅳ. ①TQ086. 5

中国版本图书馆 CIP 数据核字（2015）第 092035 号

中国劳动社会保障出版社出版发行
（北京市惠新东街 1 号　邮政编码：100029）

*

北京金明盛印刷有限公司印刷装订　新华书店经销
880 毫米×1230 毫米　32 开本　3. 875 印张　1 页彩插　102 千字
2015 年 5 月第 2 版　　2015 年 5 月第 1 次印刷
定价：18. 00 元

读者服务部电话：(010) 64929211/64921644/84643933
发行部电话：(010) 64961894
出版社网址：http://www. class. com. cn

内 容 简 介

　　本书主要介绍安全生产管理知识、安全技术基础知识、重大危险源与化学事故应急救援、职业卫生与个体防护等相关知识内容。本书言简意赅、通俗易懂，适用于危险化学品生产、经营从业人员上岗前的三级安全教育，也可作为相关行业从事安全管理人员的学习参考用书。

　　《危险化学品企业新工人三级安全教育读本》一书由张荣、贺小兰主编，练学宁主审，参加编写人员还有马健、周筱、曲弦。本教材在编写过程中参阅和引用了大量文献资料和相关著作，在此一并表示感谢。

编　者

2015 年 1 月

前　　言

《中华人民共和国安全生产法》（中华人民共和国主席令第十三号）规定："生产经营单位应当对从业人员进行安全生产教育和培训，保证从业人员具备必要的安全生产知识，熟悉有关的安全生产规章制度和安全操作规程，掌握本岗位的安全操作技能，了解事故应急处理措施，知悉自身在安全生产方面的权利和义务。未经安全生产教育和培训合格的从业人员，不得上岗作业。"

《生产经营单位安全培训规定》（国家安全生产监督管理总局令第3号）规定：

"煤矿、非煤矿山、危险化学品、烟花爆竹等生产经营单位必须对新上岗的临时工、合同工、劳务工、轮换工、协议工等进行强制性安全培训，保证其具备本岗位安全操作、自救互救以及应急处置所需的知识和技能后，方能安排上岗作业。"

"加工、制造业等生产单位的其他从业人员，在上岗前必须经过厂（矿）、车间（工段、区、队）、班组三级安全培训教育。"

企业对新入厂的工人进行三级安全教育，既是依照法律履行企业的权利与义务，同时也是企业实现可持续发展的重要措施。

不同行业的企业生产特点各不相同，存在的危险因素也大相径庭，要求工人掌握的安全生产技能和要求也有根本的区别，很难通过一本书来面面俱到地涉及不同行业需要的不同内容。"新工人三级安全教育丛书"按行业分类，更加深入、细致、全面地讲述相应行业的生产特点和技术要求，以及本行业作业人员可能遇到的典型的危险因素，可有助于工人快速地掌握本行业的安全生产知识，更贴近企业三级安全教育的要求，利于不同行业的企业进行新工人培训时使用，使新工人在学习了相关内容之后能够顺利地走上工作岗位，并对其今后正确处理工作中遇到的安全生产问题具有指导意义。

　　"新工人三级安全教育丛书"在 2008 年推出第一版后，受到了广大企业用户的欢迎和好评，纷纷将与企业生产方向相近的图书品种作为新工人三级安全教育的教材和学习用书，取得了很好的效果。2009 年以来，我国安全生产相关的法律法规进行了一系列修改，尤其是 2014 年 12 月 1 日开始实施的修改后的《安全生产法》，在用人单位对从业人员的安全生产培训教育方面提出了更高的要求。为了能够给各行业企业提供一套适应时代发展要求的图书，我社对原图书品种进行了改版，并增加了建筑施工企业、道路交通运输企业两个行业的品种。新出版的丛书是在认真总结和研究企业新工人三级安全教育工作的基础上开发的，并在书后附了用于新工人三级安全教育的试题以及参考答案，将更加具有针对性，是企业用于新工人三级安全教育的理想图书。

目　　录

第一章 安全生产管理知识

第一节 从业人员安全须知

随着科学技术的发展，机械化、自动化程度的提高，对劳动者的素质要求也在不断提高，不仅要求劳动者要有熟练的操作技能，而且要求劳动者具有良好的安全意识和安全操作技术。国家安全生产监督管理总局第 3 号令《生产经营单位安全培训规定》第十三条规定，危险化学品单位对新上岗的工人要进行安全培训，保证其具备本岗位安全操作、自救互救及应急处置所需的知识和技能后，方能安排上岗作业。因此，企业必须在从业人员上岗前进行"三级安全教育"（厂级教育、车间教育和班组教育），如果该岗位是特殊岗位还应进行特殊工种的安全知识培训，获得相应资格后方可进行操作。

一、三级安全教育

"三级安全教育"是指对企业的各类新员工或变动工作岗位的员工及进入企业培训、实习等人员进行厂级、车间和班组安全知识教育。

1. 厂级教育内容

厂级教育内容主要讲述工厂性质、主要工艺过程，国家安全生产方针、政策法规和管理体制，安全劳动卫生规章制度，事故案例分析，安全心理教育，机械、电气、起重、运输等安全知识，防火防爆和工厂消防知识，有关职业防尘、防毒和防护装置的使用方法。

2. 车间教育内容

车间教育内容主要讲述车间生产性质和工艺操作流程，车间生产危险部位及注意事项，预防工伤事故和职业病的主要措施，车间的典型事故案例，工人安全生产职责和遵章守纪的重要性。

3. 班组安全教育

班组安全教育主要讲述班组或工段工作性质、工艺流程、操作规程、安全生产岗位职责，工作地点安全文明生产、各种安全防护保险装置的作用及防护用品的使用，工厂、车间常见的安全标志、安全色和遵章守纪的重要性和必要性等。

二、从业人员岗位安全职责

操作人员既是安全生产的受益者，又是安全生产的责任者。按照"纵向到底，横向到边"的原则，从管理人员到操作人员都要明确和落实各级安全生产责任制，避免安全生产事故的发生。

从业人员的岗位安全职责如下：

1. 认真学习安全生产法律法规、岗位安全操作知识，掌握安全操作技能。

2. 严格遵守各项安全生产的规章制度，不违章作业。

3. 按照工艺操作规程操作，认真做好记录，发现安全事故隐患应采取相应的安全措施，并及时报告。

4. 做好各种生产设备及工具的保养工作，保持作业场所清洁，搞好文明生产。

5. 正确使用、妥善保管各种劳动防护用品和器具。

6. 拒绝违章作业的指令，并即时向上级报告，向监察部门反映或举报。

三、从业人员岗位操作安全须知

安全操作规程是操作人员操作机械设备等作业时必须遵守的程序，是企业安全生产规章制度的重要内容，是安全技术规定在各个岗位上的具体体现。

1. 操作前要"一想、二查、三严"。一想，想当天生产操作岗位上有哪些不安全因素，以及如何处置等，做到始终把安全工作放在首要位置；二查，查看工作场所、设备、工具等是否符合安全要求，有无事故隐患，再检查自己的操作是否会影响周围人的安全；三严，是指严格遵守安全制度，严格执行操作规程，严格遵守劳动纪律。

2. 严格按岗位安全操作要求操作。

3. 严禁违章作业。

第二节　安全生产方针及原则

一、安全生产定义

安全生产是指为了使劳动过程在符合安全要求的物质条件和工作秩序下进行，防止伤亡事故、设备事故及各种灾害的发生，保障劳动者的安全健康和保证生产作业过程的正常进行而采取的各种措施和从事的一切活动。

二、安全生产方针

《中华人民共和国安全生产法》规定我国的安全生产基本方针是"安全第一、预防为主、综合治理"，这是党和国家对安全生产工作的总体要求，企业从业人员在劳动生产过程中必须遵循这一基本方针。

"安全第一"说明在生产经营活动中，在处理保证安全与实现生产经营活动的其他各项目标的关系上，要始终把安全特别是从业人员和其他人员的人身安全放在首要的位置，实行"安全优先"的原则。在确保安全的前提下，努力实现生产经营的其他目标。人的生命是至高无上的，每个人的生命只有一次，要珍惜生命、爱护生命、保护生命。事故意味着对生命的摧残与毁灭，因此，在生产活动中，应该把保护生命安全放在第一位。"预防为主"是安全生产方针的核心和具体体现，是实施安全生产的根本途径，也是实现安全第一的根本途径。所谓"预防为主"是指安全工作的重点应放在预防事故的发生上。安全工作应当做在生产活动之前，事先要充分考虑事故发生的可能性，并自始至终采取有效措施以防止和减少事故。"综合治理"是指综合运用法律、经济、行政等手段，从发展规划、行业管理、安全投入、科技进步、经济政策、教育培训、安全文化及责任追究等方面着手，建立安全生产长效机制，并充分发挥社会、职工、舆论的监督作用，形成标本兼治、齐抓共管的格局。

三、"三同时"原则

"三同时"原则是指凡是在我国境内新建、改建、扩建的基本建设项目、技术改造项目，其劳动安全卫生设施必须符合国家规定的标准，必须与主体工程同时设计、同时施工、同时投入生产和使用。

四、"五同时"原则

"五同时"原则是指企业的生产组织及领导者在计划、布置、检查、总结、评比生产工作的时候，应同时计划、布置、检查、总结、评比安全工作。

五、"四不放过"原则

"四不放过"原则是指在调查处理工伤事故时，必须坚持事故原因没有调查清楚不放过，没有采取切实可行的防范措施不放过，事故的责任者没有被处理不放过，事故责任者和群众没有受到教育不放过。

六、"三个同步"原则

"三个同步"原则是指安全生产与经济建设、企业深化改革、技术改造同步规划、同步发展、同步实施。

第三节　安全生产法律法规

安全生产法律法规是保护劳动者在生产过程中的生命安全和身体健康的有关法令、规程、条例、规定等法律文件的总称。安全生产法律法规的主要作用是调整社会主义生产过程及商品流通过程中人与人之间、人与自然之间的关系，维护社会主义劳动法律关系中的权利与义务、生产与安全的辩证关系，以保障劳动者在生产过程中的安全和健康。

一、安全生产法律体系构成

我国安全生产法律体系是包含多种法律形式和法律层次的综合性系统，主要有安全生产法律法规基础的宪法规范、行政法律规范、技术性法律规范、程序性法律规范。

1.《中华人民共和国宪法》

《中华人民共和国宪法》是安全生产法律体系框架的最高层级，"加强劳动保护、改善劳动条件"是有关安全生产方面最高法律效力的规定。

2．安全生产方面的法律

基础法有《中华人民共和国安全生产法》和与其平行的专门法律和相关法律。专门法律有《中华人民共和国消防法》《中华人民共和国道路交通安全法》等。相关法律有《中华人民共和国劳动法》《中华人民共和国职业病防治法》等。

还有一些与安全生产监督执法工作有关的法律，如《中华人民共和国刑法》《中华人民共和国标准化法》《中华人民共和国国家赔偿法》等。

3．安全生产行政法规

如《危险化学品安全管理条例》等。

4．地方性安全生产法规

地方性安全生产法规是由有立法权的地方权力机关制定的安全生产规范性文件，如《北京市安全生产条例》等。

5．部门安全生产规章和地方政府安全生产规章。

6．安全生产标准。

7．已批准的国际劳工安全公约。

二、主要相关法律法规

1.《中华人民共和国宪法》

《中华人民共和国宪法》第四十二条规定："中华人民共和国公民有劳动的权利和义务。国家通过各种途径，创造劳动就业条件，加强劳动保护，改善劳动条件，并在发展生产的基础上，提高劳动报酬和福利待遇……"第四十三条规定："中华人民共和国劳动者有休息的权利。国家发展劳动者休息和休养的设施，规定职工的工作时间和休假制度。"第四十八条规定："国家保护妇女的权利和利益……"

2.《中华人民共和国安全生产法》

《中华人民共和国安全生产法》于2014年8月31日中华人民共和国第十二届全国人民代表大会常务委员会第十次会议通过，自2014年12月1日施行。共有七章一百一十四条，主要对"生产经营单位的安全生产保障""从业人员的安全生产权利义务""安全生产的监督管理""生产安全事故的应急救援与调查处理"及"法律责任"做出了基本的法律规定。

3.《中华人民共和国劳动法》

《中华人民共和国劳动法》共有十三章一百零七条，于1994年7月5日第八届全国人民代表大会常务委员会第八次会议审议通过，自1995年1月1日起施行。该法于2009年8月27日第十一届全国人民代表大会常务委员会第十次会议通过《全国人民代表大会常务委员会关于修改部分法律的决定》修正，自公布之日起施行。其立法的目的是为了保护劳动者的合法权益，调整劳动关系，建立和维护适应社会主义市场经济的劳动制度，促进经济发展和社会进步。第四章对维护和实现劳动者的休息权利，合理地安排工作时间和休息时间做出了法律规定；第六章从六个方面规定了我国职业健康安全法规的基本要求；第七章对女职工和未成年工特殊职业健康安全要求做出了法律规定。

4.《中华人民共和国职业病防治法》

2011年12月31日第十一届全国人民代表大会常务委员会第二十四次会议通过修改的《中华人民共和国职业病防治法》，并以中华人民共和国主席令第52号予以发布，修改后的法规共有七章九十条。

职业病防治工作坚持预防为主、防治结合的方针，建立用人单位负责、行政机关监管、行业自律、职工参与和社会监督的机制，实行分类管理、综合治理。用人单位应当建立、健全职业病防治责任制，加强对职业病防治的管理，提高职业病防治水平，对本单位产生的职业病危害承担责任。用人单位的主要负责人和职业卫生管理人员应当接受职业卫生培训，遵守职业病防治法律、法规，依法组织本单位的职业病防治工作。

5.《使用有毒物品作业场所劳动保护条例》

《使用有毒物品作业场所劳动保护条例》于2002年4月30日由国务院第57次常务会议通过，并以国务院令第352号公布、施行。本条例共有八章七十一条，条例制定的目的是为了保证作业场所安全使用有毒物品，预防、控制和消除职业中毒危害，保护劳动者的生命安全、身体健康及其相关权益。

6.《工伤保险条例》

《国务院关于修改〈工伤保险条例〉的决定》已经于 2010 年 12 月 8 日国务院第 136 次常务会议通过（国务院令第 586 号），自 2011 年 1 月 1 日起施行。本条例共分八章六十七条。具体内容如下：

（1）条例制定的目的是为了保障因工作遭受事故伤害或者患职业病的职工获得医疗救治和经济补偿，促进工伤预防和职业康复，分散用人单位的工伤风险。

（2）职工有下列情形之一的应当认定为工伤：

1）在工作时间和工作场所内，因工作原因受到事故伤害的。

2）工作时间前后在工作场所内，从事与工作有关的预备性或者收尾性工作受到事故伤害的。

3）在工作时间和工作场所内，因履行工作职责受到暴力等意外伤害的。

4）患职业病的。

5）因工外出期间，由于工作原因受到伤害或者发生事故下落不明的。

6）在上下班途中，受到非本人主要责任的交通事故或者城市轨道交通、客运轮渡、火车事故伤害的。

7）法律、行政法规规定应当认定为工伤的其他情形。

（3）职工因工作遭受事故伤害或者患职业病进行治疗，享受工伤医疗待遇。

7.《危险化学品生产企业安全生产许可证实施办法》

修订的《危险化学品生产企业安全生产许可证实施办法》已经 2011 年 7 月 22 日国家安全生产监督管理总局局长办公会议审议通过，自 2011 年 12 月 1 日起施行。该办法共有七章五十七条，包括总则、申请安全生产许可证的条件、安全生产许可证的申请、安全生产许可证的颁发、监督管理、法律责任、附则。在相关法律法规框架下，针对危险化学品生产的特点，明确了危险化学品生产企业的准入门槛，从申请条件、颁证程序、延期和变更手续、法律责任等各个环节规范了危险化学品生产企业安全生产许可证的颁发管理，并且明确了各级安全监管部门、企业和安全评价机构等相关各方的责任。

8.《危险化学品安全管理条例》

《危险化学品安全管理条例》于2011年2月16日国务院第144次常务会议修订通过（国务院令第591号），修订后的《危险化学品安全管理条例》自2011年12月1日正式实施，共有八章一百零二条。制定此条例的目的是为了加强危险化学品的安全管理，预防和减少危险化学品事故，保障人民群众生命财产安全、保护环境。

危险化学品安全管理，应当坚持"安全第一、预防为主、综合治理"的方针，强化和落实企业的主体责任。生产、储存、使用、经营、运输危险化学品的单位的主要负责人对本单位的危险化学品安全管理工作全面负责。

危险化学品单位应当具备法律、行政法规规定和国家标准、行业标准要求的安全条件，建立、健全安全管理规章制度和岗位安全责任制度，对从业人员进行安全教育、法制教育和岗位技术培训。从业人员应当接受教育和培训，考核合格后上岗作业；对有资格要求的岗位，应当配备依法取得相应资格的人员。

9.《易制毒化学品管理条例》

《易制毒化学品管理条例》于2005年8月17日国务院第102次常务会议通过，并于2005年11月1日起施行，共有八章四十五条。其目的是为了加强易制毒化学品管理，规范易制毒化学品的生产、经营、购买、运输和进口、出口行为，防止易制毒化学品被用于制造毒品，维护经济和社会秩序。国家对易制毒化学品的生产、经营、购买、运输和进口、出口实行分类管理和许可制度。易制毒化学品分为三类，第一类是可以用于制毒的主要原料，第二类、第三类是可以用于制毒的化学配剂。

第四节　从业人员安全生产权利和义务

一、从业人员的人身保障权利

《中华人民共和国安全生产法》主要规定了各类从业人员必须

享有的，有关安全生产和人身安全的最重要、最基本的权利。这些基本安全生产权利，可以概括为以下四项：

1. 享受社会保险和民事赔偿的权利

《中华人民共和国安全生产法》第四十九条规定："生产经营单位与从业人员订立的劳动合同，应当载明有关保障从业人员劳动安全、防止职业危害的事项，以及依法为从业人员办理工伤社会保险的事项。生产经营单位不得以任何形式与从业人员订立协议，免除或者减轻其对从业人员因生产安全事故伤亡依法应当承担的责任。"第五十三条规定："因生产安全事故受到损害的从业人员，除依法享有工伤保险外，依照有关民事法律尚有获得赔偿的权利的，有权向本单位提出赔偿要求。"第四十八条规定："生产经营单位必须依法参加工伤保险，为从业人员缴纳保险费。"此外，法律还对生产经营单位与从业人员订立协议，免除或者减轻其对从业人员因生产安全事故伤亡依法应承担的责任，规定该协议无效。

2. 享受知情权和建议的权利

第五十条规定："生产经营单位的从业人员有权了解其作业场所和工作岗位存在的危险因素、防范措施及事故应急措施，有权对本单位的安全生产工作提出建议。"要保证从业人员这项权利的行使，生产经营单位就有义务事前告知有关危险因素和事故应急措施。否则，生产经营单位就侵犯了从业人员的权利，并应对由此产生的后果承担相应的法律责任。

3. 享受安全工作监督并受到保护权利

第五十一条规定："从业人员有权对本单位安全生产工作中存在的问题提出批评、检举、控告；有权拒绝违章指挥和强令冒险作业。生产经营单位不得因从业人员对本单位安全生产工作提出批评、检举、控告或者拒绝违章指挥、强令冒险作业而降低其工资、福利等待遇或者解除与其订立的劳动合同。"

4. 享受安全紧急情况的处置权及保护权利

第五十二条规定："从业人员发现直接危及人身安全的紧急情况

时，有权停止作业或者在采取可能的应急措施后撤离作业场所。生产经营单位不得因从业人员在前款紧急情况下停止作业或者采取紧急撤离措施而降低其工资、福利等待遇或者解除与其订立的劳动合同。"

二、从业人员的义务

1. 遵章守制，服从管理的义务

第五十四条规定："从业人员在作业过程中，应当严格遵守本单位的安全生产规章制度和操作规程，服从管理，正确佩戴和使用劳动防护用品。"根据《中华人民共和国安全生产法》和其他有关法律、法规和规章的规定，生产经营单位必须制定本单位安全生产的规章制度和操作规程。从业人员必须严格依照这些规章制度和操作规程进行生产经营作业，否则不得上岗作业。生产经营单位的从业人员不服从管理，违反安全生产规章制度和操作规程的，由生产经营单位给予批评教育，依照有关规章制度给予处分；造成重大事故、构成犯罪的，依照刑法有关规定追究刑事责任。

2. 接受安全生产教育和培训的义务

从业人员的安全生产意识和安全技能，直接关系到生产经营活动的安全可靠性。特别是从事危险物品生产作业的从业人员，更需要具有系统的安全知识、熟练的安全生产技能及对不安全因素和事故隐患、突发事故的预防、处理能力和经验。许多国有和大型企业比较重视安全培训工作，从业人员的安全素质比较高。但是许多非国有和中小企业不重视或者不进行安全培训，有的没有经过专门的安全生产培训或者简单应付了事，其中部分从业人员不具备应有的安全素质，因此违章违规操作酿成事故的比比皆是。所以，为了明确从业人员接受培训、提高安全素质的法定义务，《中华人民共和国安全生产法》规定："从业人员应当接受安全生产教育和培训，掌握本职工作所需的安全生产知识，提高安全生产技能，增强事故预防和应急处理能力。"

3. 对不安全因素的报告义务

从业人员直接进行生产经营作业，是事故隐患和不安全因素的第一当事人。许多生产安全事故是由于从业人员在作业现场发现事故隐患和不安全因素后没有及时报告，以致延误了采取措施进行紧急处理的时机，并由此发生重大、特大事故。如果从业人员尽职尽责、及时发现并报告事故隐患和不安全因素，使许多事故隐患能够得到及时有效的处理，就完全可以避免事故发生和降低事故损失。所以《中华人民共和国安全生产法》第五十六条规定："从业人员发现事故隐患或者其他不安全因素，应当立即向现场安全生产管理人员或者本单位负责人报告；接到报告的人员应当及时予以处理。"这就要求从业人员必须具有高度的责任心，及时发现事故隐患和不安全因素，防患于未然，预防事故发生。

第五节　安全生产责任追究

一、行政责任

根据《中华人民共和国安全生产法》第一百零四条的规定，生产经营单位的从业人员不服从管理，违反安全生产规章制度或者操作规程的，应当按照以下几个方面进行处理：

1. 由生产经营单位给予批评教育

即由生产经营单位对该从业人员违反规章制度和操作规程的行为进行批评，同时对其进行有关安全生产知识等方面的教育，使其认识到严格遵守安全生产规章制度和操作规程的重要性，以及违反安全生产规章制度或者操作规程可能造成的严重后果和依法应当承担的法律责任，确保其不再违反制度。

2. 依照有关规章制度给予处分

这里讲的"规章制度"主要是指生产经营单位依法制定的内部惩戒制度。根据《中华人民共和国劳动合同法》规定，劳动者严重违反用人单位的规章制度的，用人单位可以解除劳动合同。

二、民事责任

《中华人民共和国民法通则》是调整一定范围的财产关系和人身关系的法律规范的总和。民法责任是民事主体违反《民法通则》的规定，违反民事义务应承担的法律后果。民事责任主要有侵权民事责任、国家机关和法人侵权的民事责任、违反《中华人民共和国劳动法》造成劳动者损害的民事责任、违反《中华人民共和国产品质量法》的民事责任，以及高度危险的作业造成他人损害的民事责任。

三、刑事责任

按照《中华人民共和国安全生产法》第一百零四条的规定，生产经营单位的从业人员不服从管理，违反安全生产规章制度或者操作规程的，构成犯罪的，依照刑法有关规定追究刑事责任。这里讲的"构成犯罪"，主要是指构成《刑法》第一百三十四条规定的重大责任事故罪和强令违章冒险作业罪。《刑法》第一百三十四条规定，在生产、作业中违反有关安全管理的规定，因而发生重大伤亡事故或者造成其他严重后果的，处三年以下有期徒刑或者拘役；情节特别恶劣的，处三年以上七年以下有期徒刑。强令他人违章冒险作业，因而发生重大伤亡事故或者造成其他严重后果的，处五年以下有期徒刑或者拘役；情节特别恶劣的，处五年以上有期徒刑。

根据《中华人民共和国安全生产法》第一百零六条的规定，生产经营单位的主要负责人在本单位发生生产安全事故时，不立即组织抢救或者在事故调查处理期间擅离职守或者逃匿的，给予降级、撤职的处分，并由安全生产监督管理部门处上一年年收入百分之六十至百分之一百的罚款；对逃匿的处十五日以下拘留；构成犯罪的，依照刑法有关规定追究刑事责任。

按照《生产安全事故报告和调查处理条例》第三十九条规定，有关人员在发生事故时不立即组织事故抢救的，迟报、漏报、谎报或者瞒报事故的，阻碍、干涉事故调查工作的，在事故调查中作伪证或者指使他人作伪证的，将对直接负责的主管人员和其他直接责任人员依法给予处分；构成犯罪的，依法追究刑事责任。

第六节　安全色标与安全标志

一、安全色标

安全色标是指在操作人员容易产生错误而造成事故的场所，为预防事故、保障安全、提醒操作人员注意所采用的一种特殊标示，用来表达禁止、警告、指令和提示等安全信息。国家标准《安全色》（GB 2893—2008）对全国使用的安全色标进行统一。操作人员上岗前，应熟练掌握识别安全色标，以减少和杜绝意外安全事故。

《安全色》标准中采用了 4 种颜色：红、黄、蓝、绿。红色的含义是禁止和紧急停止，也表示防火；蓝色的含义是必须遵守的规定；黄色的含义是警告和注意；绿色的含义是提示、安全状态和通行。

为了使安全颜色更加醒目，使用对比色为其反衬色。黑白互为对比色，把红、蓝、绿 3 种颜色的对比色定为白色，黄色的对比色定为黑色。在运用对比色时，黑色可用于安全标志的文字、图形符号和警告标志的几何图形，白色可用于安全标志的文字和图形符号。

二、安全标志

安全标志由安全色、几何图形和图形符号构成，用以表达特定的安全信息。目的是引起人们对不安全因素的注意，预防发生事故。

安全标志分为禁止标志、警告标志、指令标志和提示标志四类，见书后彩插。

1. 禁止标志

禁止标志是禁止人们的不安全行为的图形标志。其基本形式是带斜杠的圆环，圆环和斜杠为红色，图形符号为黑色，底色为白色。

2. 警告标志

警告标志是提醒人们对周围环境引起注意，以避免发生危险的图形标志。其基本形式是正三角形边框，三角形边框及图形符号为黑色，底色为黄色。

3. 指令标志

指令标志是强制人们必须做出某种动作或采用防范措施的图形标志。其基本形式是圆形边框，图形符号为白色，底色为蓝色。

4. 提示标志

提示标志是向人们提供某种信息（如标明安全设施或场所等）的图形标志。基本形式是正方形边框，图形符号为白色，底色为绿色。但涉及消防安全的 7 个提示标志其底色为红色。

第二章 安全技术基础知识

第一节 危险化学品概述

一、化学品及危险化学品概念

1. 化学名称

化学名称是指唯一标识一种化学品的名称。这一名称可以是符合国际纯粹与应用化学联合会（IUPAC）或美国化学文摘（CAS）的命名制度的名称，也可以是一种技术名称。

2. 化学品

化学品是指各种化学元素或由化学元素组成的化合物及其混合物，可以是天然的也可以是人造的。

物质是指自然状态下通过任何制造过程获得的化学元素及其化合物，包括为保持其稳定性而添加的任何添加剂和加工过程中产生的任何杂质，但不包括任何不会影响物质稳定性或不会改变其成分的可分离的溶剂。

3. 危险化学品

根据《危险化学品安全管理条例》，危险化学品是指具有毒害、腐蚀、爆炸、燃烧、助燃等性质，对人体、设施、环境具有危害的剧毒化学品和其他化学品。如氯气有毒、有刺激性；硝酸有强烈腐蚀性，均属危险化学品。

二、危险化学品的危害

危险化学品的危害主要包括燃爆危害、健康危害和环境危害。

1. 危险化学品的燃爆危害

燃爆危害是指化学品能引起燃烧、爆炸的危险。化工、石油化工企业由于生产中使用的原料、中间产品及产品多为易燃、易爆物，一旦发生火灾、爆炸事故，会造成严重的后果。因此了解危险化学品火灾、爆炸危害，正确进行危害性评价，及时采取防范措施，对搞好安全生产、防止事故发生具有重要意义。

2. 危险化学品的健康危害

健康危害是指接触后能对人体产生的危害。由于危险化学品具有毒性、刺激性、腐蚀性、麻醉性、窒息性等特性，导致每年都发生人员中毒事故。危险化学品事故统计资料显示，由于危险化学品的毒性危害导致的人员伤亡事故占危险化学品安全事故伤亡的50%左右。因此，关注危险化学品健康危害将是化学品安全管理的重要内容。

3. 危险化学品的环境危害

环境危害是指危险化学品对环境产生的危害。随着工业发展，各种危险化学品产量大增，新的危险化学品也不断涌现。在人们充分利用危险化学品的同时也产生了大量的废物，其中不乏有毒有害物质。如何认识危险化学品的污染危害，最大限度地降低危险化学品的污染、加强环境保护力度，已是亟待解决的问题。

三、危险化学品危害控制的一般原则

危险化学品危害预防和控制的基本原则一般包括两个方面：操作控制和管理控制。

操作控制的目的是通过采取适当的措施，消除或降低工作场所的危害，防止工人在正常作业时受到有害物质的侵害。采取的主要措施是替代、变更工艺、隔离、通风、个体防护和职业卫生。

管理控制是指通过管理手段按照国家法律和标准建立安全管理程序和措施，这是预防和控制危险化学品危害的重要方面。如作业场所危害识别，在危险化学品包装上粘贴安全标签，在危险化学品运输、经营过程中附危险化学品安全技术说明书，对从业人员进行安全培训和资质认定，采取接触监测、医学监督等措施均可达到管理控制的目的。

第二节　防火防爆知识

一、防火知识

1. 燃烧的含义

燃烧是可燃物与助燃物（氧或氧化剂）发生的一种发光发热的化学反应，是在单位时间内产生的热量大于消耗热量的反应。燃烧过程具有两个特征：一是有新的物质产生，即燃烧是化学反应；二是燃烧过程中伴随有发光发热现象。

2. 燃烧的条件

燃烧必须同时具备下列三个条件：

（1）有可燃性的物质，如木材、乙醇、甲烷、乙烯等。

（2）有助燃性物质，常见的为空气和氧气。

（3）有能导致燃烧的能源，即点火源，如撞击、摩擦产生的火花，明火，电火花，高温物体，光和射线等。

可燃物、助燃物和点火源构成燃烧的三要素，缺少其中任何一个燃烧便不能发生。上述三个条件同时存在也不一定会发生燃烧，只有当三个条件同时存在，且都具有一定的"量"，并彼此作用时，才会发生燃烧。对于已经进行着的燃烧，若消除其中任何一个条件燃烧便会终止，这就是灭火的基本原理。

3. 火灾及其分类

凡是在时间或空间上失去控制的燃烧所造成的灾害都称为火灾。《火灾分类》（GB/T 4968—2008）将火灾根据可燃物的类型和燃烧特性分为6类。

（1）A类火灾，指固体物质火灾。这种物质往往具有有机物质的性质，一般在燃烧时能产生灼热的余烬。如木材、棉、毛、麻、纸张等的火灾。

（2）B类火灾，指液体火灾和可熔化的固体物质的火灾。如汽油、煤油、柴油、乙醇、沥青、石蜡等的火灾。

（3）C类火灾，指气体火灾。如煤气、天然气、甲烷、乙烷、氢气等的火灾。

（4）D 类火灾，指金属火灾。如钾、钠、镁、铝镁合金等的火灾。

（5）E 类火灾，指带电火灾。即物体带电燃烧的火灾。如运行中的电动设备和仪器仪表等的火灾。

（6）F 类火灾，指烹饪器具内的烹饪物的火灾。

4. 点火源

能够引起可燃物燃烧的热能源称为点火源。主要的点火源有以下几种：

（1）明火。明火有生产性用火，如乙炔火焰等；有非生产性用火，如烟头火、油灯火等。明火是最常见而且是比较强的点火源，可以点燃任何可燃性物质。

（2）电火花。电火花包括电气设备运行中产生的火花、短路火花及静电放电火花和雷击火花。随着电气设备的广泛使用和操作过程的连续化，这种火源引起的火灾所占的比例越来越大。如加压气体在高压泄漏时会产生静电火花，人体静电放电产生静电火花，液体燃料流动时的静电放电，加注燃料时摩擦产生的静电（由于燃料和输油管道、容器及其他注油工具的互相摩擦，能产生大量的静电荷，注油的速度越快产生的静电越多）等。

（3）火星。火星是在铁与铁、铁与石、石与石之间的强烈摩擦、撞击时产生的，是机械能转化为热能的一种现象。这种火星的温度一般在 1 200℃左右，可以引起很多物质的燃烧。

（4）灼热体。灼热体是指受高温作用，由于蓄热而具有较高温度的物体。灼热体与可燃物质接触引起的着火有快有慢，这主要取决于灼热体所带的热量和物质的易燃性、状态，其点燃过程是从一点开始扩展的。

（5）聚集的日光。指太阳光、凸玻璃聚光热等，这种热能只要具有足够的温度就能点燃可燃物质。

（6）化学反应热和生物热。指由于化学变化或生物作用产生的热能，这种热能如不及时散发掉就会引起着火甚至燃烧爆炸。

5. 燃烧产物及危害

（1）燃烧产物。燃烧产物是指由燃烧或热解作用而产生的全部物质，也就是说可燃物燃烧时生成的气体、固体和蒸气等物质均为燃烧产物。物质燃烧后产生不能继续燃烧的新物质（如 CO_2、SO_2、水蒸气等），这种燃烧称为完全燃烧，其产物为完全燃烧产物；物质燃烧后产生还能继续燃烧的新物质（如 CO、未燃尽的碳、甲醇、丙酮等），则称为不完全燃烧，其产物为不完全燃烧产物。

（2）燃烧产物的危害。二氧化碳（CO_2）是窒息性气体；一氧化碳（CO）是有强烈毒性的可燃气体；二氧化硫（SO_2）有毒，是大气污染中危害较大的一种气体，它严重伤害植物，刺激人的呼吸道，腐蚀金属等；一氧化氮（NO）、二氧化氮（NO_2）等都是有毒气体，对人体存在不同程度的危害甚至会危及生命。烟灰是不完全燃烧产物，由悬浮在空气中未燃尽的细碳粒及分解产物构成；烟雾是由悬浮在空气中的微小液滴形成。这些都会污染环境，对人体有害。

6. 爆炸

爆炸是物质的一种急剧的物理、化学变化，是在变化过程中伴有物质所含能量快速释放，变为对物质本身、变化产物或周围介质的压缩能或运动能的现象。

一般情况下，起火后火势逐渐蔓延扩大，随着时间的增加，损失急剧增加。而爆炸则是突发性的，在大多数情况下爆炸过程在瞬间完成，人员伤亡及物质损失也在瞬间造成。火灾可能引发爆炸，因为火灾中的明火及高温能引起易燃易爆物爆炸，如油库或炸药库失火可能引起密封油桶、炸药的爆炸；一些在常温下不会爆炸的物质，如醋酸，在火场的高温下也有变成爆炸物的可能。爆炸也可以引发火灾，爆炸抛出的易燃物可能引起大面积火灾，如密封的燃料油罐爆炸后由于油品的外泄引起火灾。因此，发生火灾时要防止火灾转化为爆炸；发生爆炸时又要考虑到引发火灾的可能并及时采取防范抢救措施。

二、防火防爆措施

防止火灾、爆炸事故，必须坚持"预防为主，防治结合"的方针。防火防爆的基本安全措施主要有技术措施和组织管理措施两个方面。

1．防火防爆的技术措施

（1）防止形成燃爆的介质。可用通风的办法来降低燃爆物质的浓度，使其达不到燃烧、爆炸极限；也可以用不燃或难燃物质代替易燃物质。

（2）防止产生点火源，使火灾、爆炸不具备发生的条件。

（3）安装防火防爆安全装置，如安装灭火器、安全阀等装置。

2．防火防爆的组织管理措施

（1）加强对防火防爆工作的领导。

（2）建立健全防火防爆制度。

（3）开展经常性的安全教育和检查。

（4）不得占用和堵塞消防通道。

（5）配备足够的消防器材。

（6）加强值班，严格进行巡回检查。

三、火灾爆炸事故的应急技术措施

1．火灾事故处置要点

（1）发生火灾事故后，要正确判断着火部位和着火介质，立即使用现场便携式、移动式消防器材在火灾初起时及时扑救。

（2）如果是电器着火则要迅速切断电源，保证灭火的顺利进行。

（3）如果是单台设备着火，在甩掉和扑灭着火设备的同时，改用和保护备用设备。

（4）如果是高温介质漏出后自燃着火，则应首先切断设备进料，尽量安全地转移设备内储存的物料，然后采取进一步的处理措施。

（5）如果是易燃介质泄漏后受热着火，则首先应在切断设备进料的同时，降低高温物体表面的温度，然后再采取进一步的处理措施。

（6）如果是大面积着火，要迅速切断着火单元的进料，切断与周围单元生产管线的联系，停机、停泵，迅速将物料倒至安全的储罐，做好蒸汽掩护。

（7）发生火灾后，要在积极扑救初起之火的同时迅速拨打火警电话向消防队报告，以得到专业消防队伍的支援，防止火势进一步扩大和蔓延。

2. 泄漏事故处置要点

（1）临时设置现场警戒范围。发生泄漏、跑冒事故后，要迅速疏散泄漏污染区人员至安全区，临时设置现场警戒范围，禁止无关人员进入污染区。

（2）熄灭危险区内一切火源。在可燃液体物料泄漏的范围内，首先要绝对禁止使用各种明火。特别是在夜间或视线不清的情况下，不要使用火柴、打火机等进行照明；同时也要注意不要使用刀闸等普通型电气开关。

（3）防止静电的产生。可燃液体在泄漏的过程中，流速过快就容易产生静电。为防止静电的产生，可采用堵洞、塞缝和减少内部压力的方法，通过减缓流速或止住泄漏来达到防静电的目的。

（4）避免形成爆炸性混合气体。当可燃物料泄漏在库房、厂房等有限空间时，要立即打开门窗进行通风，以避免形成爆炸性混合气体。

（5）如果是油罐液位超高造成跑冒，应急人员要按照规定穿防静电的防护服，佩戴自给式呼吸器，立即关闭进料阀门，将物料输送到相同介质的待收罐。

3. 爆炸事故处置要点

（1）发生重大爆炸事故后，岗位人员要沉着、镇静，不要惊慌失措，在班长的带领下迅速安排人员报警，同时积极组织人员查找事故原因。

（2）在处理事故过程中岗位人员要穿戴防护服，必要时佩戴防毒面具和采取其他防护措施。

（3）如果是单个设备发生爆炸，要切断进料，关闭与之相邻的所有阀门，停机、停泵、停炉、除净塔器及管线的存料，做好蒸汽掩护。

（4）当爆炸引起大火时，在岗人员应利用岗位配备的消防器材进行扑救，并及时报警，请求灭火和救援，以免事态进一步恶化。

（5）爆炸发生后，要组织人员对邻近的设备和管线进行仔细检查，避免再次发生灾害。

第三节　危险化学品分类

我国以联合国 GSH 为基础，按照危险化学品具有的理化危险、健康危险和环境危险，将化学品危险性分为三个大类 27 个小类。具体如下：

一、基于"理化危险"的分类

1. 爆炸物

（1）爆炸物质（或混合物）。能通过化学反应在内部产生一定速度、一定温度与压力的气体，且对周围环境具有破坏作用的一种固体或液体物质（或其混合物）。

（2）烟火物质（或混合物）：能发生爆轰、自供氧放热化学反应的物质或混合物，并产生热、光、声、气、烟或几种效果的组合。烟火物质无论其是否产生气体都属于爆炸物。

（3）爆炸品。包括一种或多种爆炸物质或其混合物的物品。

（4）烟火制品。当物品包含一种或多种烟火物质或其混合物时，称其为烟火制品。

爆炸物类别和标签要素的配置见表 2—1。

2. 易燃气体

易燃气体是在 20℃ 和 101.3 kPa 标准大气压下，与空气混合有一定易燃范围的气体。

易燃气体类别和标签要素的配置见表 2—2。

表 2—1   爆炸物类别和标签要素的配置

不稳定的/ 1.1 项	1.2 项	1.3 项	1.4 项	1.5 项	1.6 项
			1.4 （无象形图）	1.5 （无象形图）	1.6 （无象形图）
危险 爆炸物； 整体爆炸危险	危险 爆炸物； 严重喷射危险	危险 爆炸物； 燃烧、爆轰 或喷射危险	警告 燃烧或 喷射危险	警告 燃烧中 可爆炸	无信号词 无危险性说明

表 2—2   易燃气体类别和标签要素的配置

类别 1	类别 2
	无标识
危险 极易燃气体	警告 易燃气体

3. 易燃气溶胶

凡分散介质为气体的胶体物都为气溶胶，其粒子大小在 100 ~ 10 000 nm，常用的气溶胶是指喷射罐（包括任何不可重新灌装的容器，该容器由金属、玻璃或塑料制成）内装有强制压缩、液化或溶解的气体，并配有释放装置以使内装物喷射出来，在气体中形成悬浮的固态、液态微粒或形成泡沫、膏剂、粉末或者以液态或气态形式出现。

如果气溶胶中含有易燃液体、易燃气体或易燃固体等任何易燃的成分时，该气溶胶应归类为易燃气溶胶。

易燃气溶胶类别和标签要素的配置见表 2—3。

表2—3　　　　　　　易燃气溶胶类别和标签要素的配置

类别1	类别2
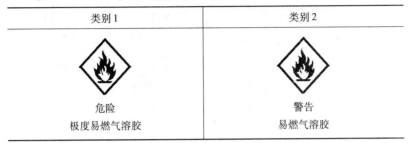	
危险	警告
极度易燃气溶胶	易燃气溶胶

4. 氧化性气体

氧化性气体是能提供氧或比空气更能促进其他物质燃烧的任何气体。

氧化性气体类别和标签要素的配置见表2—4。

表2—4　　　　　　　氧化性气体类别和标签要素的配置

类别1
危险
会导致或加强燃烧；氧化剂

5. 压力下气体

压力下气体是20℃时压力不小于280 kPa的容器中的气体或成为冷冻液化的气体。

压力下气体类别和标签要素的配置见表2—5。

6. 易燃液体

易燃液体是指闪点不高于93℃的可燃液体。

易燃液体类别和标签要素的配置见表2—6。

7. 易燃固体

易燃固体是容易燃烧或通过摩擦可能引燃或助燃的固体。

表2—5　　　　压力下气体类别和标签要素的配置

类别1	类别2	类别3	类别4
压缩气体	液化气体	冷冻液化气体	溶解气体
警告 装有加压气体； 如果加热会爆炸	警告 装有加压气体； 如果加热会爆炸	警告 装有冷冻气体；会导 致低温烧伤或损伤	警告 装有加压气体； 如果加热会爆炸

表2—6　　　　易燃液体类别和标签要素的配置

类别1	类别2	类别3	类别4
			无标识
危险 极度易燃 液体和蒸气	危险 高度易燃 液体和蒸气	危险 易燃液体和蒸气	危险 可燃液体

易燃固体类别和标签要素的配置见表2—7。

表2—7　　　　易燃固体类别和标签要素的配置

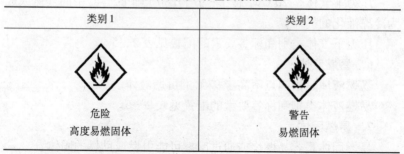

类别1	类别2
危险 高度易燃固体	警告 易燃固体

8. 自反应物质

自反应物质是指热不稳定性液体或固体物质或混合物，即使没有氧（空气），也易发生强烈放热分解反应。不包括分类为爆炸品、有机过氧化物或氧化物的物质和混合物。

自反应物质类别和标签要素的配置见表2—8。

表2—8　　　　自反应物质类别和标签要素的配置

A 型	B 型	C 型和 D 型	E 型和 F 型	G 型
危险 遇热可导致爆炸	危险 遇热可导致燃烧或爆炸	危险 遇热可导致燃烧	警告 遇热可导致燃烧	本类型无适用标签要素

9. 自燃液体

自燃液体是即使数量小也能在与空气接触后 5 min 之内引燃的液体。

自燃液体类别和标签要素的配置见表2—9。

表2—9　　　　自燃液体类别和标签要素的配置

类别1

危险

暴露在空气中会自发燃烧

10. 自燃固体

自燃固体是即使数量小也能在与空气接触后 5 min 之内引燃的固体。

自燃固体类别和标签要素的配置见表 2—10。

表 2—10　　　自燃固体类别和标签要素的配置

类别1
 危险 暴露在空气中会自发燃烧

11. 自热物质

自热物质是通过与空气反应并且无能量供应，易于自热的固体、液体物质或混合物。该物质或混合物与自燃液体或固体的不同之处在于：只有在大量（几千克）和较长的时间周期（数小时或数天）时才会着火。

自热物质类别和标签要素的配置见表 2—11。

表 2—11　　　自热物质类别和标签要素的配置

类别1	类别2
危险 自热；可导致燃烧	警告 大量时自热；可导致自燃

12. 遇水放出易燃气体的物质

该类物品可与水相互反应并且所产生的气体通常显示出自燃的

倾向，或放出具有危险数量的易燃气体的固体或液体物质。

遇水放出易燃气体的物质类别和标签要素的配置见表2—12。

表2—12　　遇水放出易燃气体的物质类别和标签要素的配置

类别1	类别2	类别3
危险	危险	警告
遇水释放	遇水释放	遇水释放
易燃气体，会自燃	易燃气体	易燃气体

13. 氧化性液体

氧化性液体是通过产生氧，可引起或促使其他物质燃烧，其本身并不一定可燃的液体。

氧化性液体类别和标签要素的配置见表2—13。

表2—13　　氧化性液体类别和标签要素的配置

类别1	类别2	类别3
危险	危险	警告
可导致燃烧或爆炸；	可助燃氧化剂；	可助燃氧化剂；
强氧化剂	氧化剂	氧化剂

14. 氧化性固体

氧化性固体是本身未必燃烧，但通常因放出氧气可能引起或促使其他物质燃烧的固体。

氧化性固体类别和标签要素的配置见表2—14。

表2—14　　　氧化性固体类别和标签要素的配置

类别1	类别2	类别3
危险 会导致燃烧或者爆炸； 强氧化剂	危险 会加强燃烧；氧化剂	警告 会加强燃烧； 氧化剂

15. 有机过氧化物

　　凡含有—O—O—结构含氧物或可视为过氧化氢的一个或两个氢原子已被有机基团取代的衍生物的液体或固体有机物即为有机过氧化物。本术语还包括有机过氧化配制物（混合物）。有机过氧化物是可发生放热自加速分解、热不稳定的物质或混合物。此外，它们还可能具有易爆炸分解、快速燃烧、对撞击或摩擦敏感、与其他物质发生危险的反应等特性。

　　有机过氧化物类别和标签要素的配置见表2—15。

表2—15　　　有机过氧化物类别和标签要素的配置

A型	B型	C型和D型	E型和F型	G型
危险 遇热可导致爆炸		危险 遇热燃烧	警告 遇热燃烧	此危险等级 无适用 标签要素
	危险 遇热会导致 燃烧或爆炸			

16．金属腐蚀物

金属腐蚀物是通过化学作用会显著损伤甚至毁坏金属的物质或混合物。

金属腐蚀物类别和标签要素的配置见表2—16。

表2—16　　　　金属腐蚀物类别和标签要素的配置

类别1

警告
会腐蚀金属

二、基于"健康危险"的分类

1．急性毒性

急性毒性：经口或经皮肤摄入物质的单次剂量或在24 h内给予的多次剂量，或者4 h的吸入接触后发生的急性有害影响。

急性毒性类别和标签要素的配置——口服见表2—17，急性毒性类别和标签要素的配置——皮肤见表2—18，急性毒性类别和标签要素的配置——吸入见表2—19。

表2—17　急性毒性类别和标签要素的配置——口服

类别1	类别2	类别3	类别4	类别5
☠	☠	☠	❗	无标识
危险	危险	危险	警告	警告
吞食致死	吞食致死	吞食中毒	食入有害	食入有害

2．皮肤腐蚀/刺激

（1）皮肤腐蚀。对皮肤能引起不可逆性损害，即将受试物在皮肤上涂敷4 h后，能出现可见的表皮至真皮的坏死。

表 2—18　　**急性毒性类别和标签要素的配置——皮肤**

类别1	类别2	类别3	类别4	类别5
				无标识
危险	危险	危险	警告	警告
皮肤接触致死	皮肤接触致死	皮肤接触中毒	皮肤接触有害	皮肤接触有害

表 2—19　　**急性毒性类别和标签要素的配置——吸入**

类别1	类别2	类别3	类别4	类别5
				无标识
危险	危险	危险	警告	警告
吸入致死	吸入致死	吸入中毒	吸入有害	吸入有害

（2）皮肤刺激。将受试物涂皮4 h后，对皮肤造成可逆性损害。皮肤腐蚀/刺激类别和标签要素的配置见表2—20。

表 2—20　　**皮肤腐蚀/刺激类别和标签要素的配置**

类别1A	类别1B	类别1C	类别2	类别3
				无标识
危险	危险	危险	警告	警告
导致严重皮肤烧伤和眼部伤害	导致严重皮肤烧伤和眼部伤害	导致严重皮肤烧伤和眼部伤害	导致皮肤刺激	导致微弱皮肤刺激

3. 严重眼部损伤/眼部刺激

（1）严重眼部损伤。将受试物滴入眼内表面，对眼部产生组织损害或视力下降，且在滴眼 21 天内不能完全恢复。

（2）眼部刺激。将受试物滴入眼内表面，对眼部产生变化，但在滴眼 21 天内可完全恢复。

严重眼部损伤/眼部刺激类别和标签要素的配置见表 2—21。

表 2—21　　严重眼部损伤/眼部刺激类别和标签要素的配置

类别 1	类别 2A	类别 2B
		无标识
危险	警告	警告
导致严重眼部损伤	导致严重眼部刺激	导致眼部刺激

4. 呼吸或皮肤过敏

（1）呼吸过敏物是吸入后会导致气管超过敏反应的物质。

（2）皮肤过敏物是皮肤接触后会导致过敏反应的物质。

呼吸或皮肤过敏类别和标签要素的配置见表 2—22。

表 2—22　　呼吸或皮肤过敏类别和标签要素的配置

类别 1	类别 1
呼吸道过敏性物质	皮肤过敏性物质
危险	警告
吸入会导致过敏或哮喘症状或呼吸困难	会导致皮肤过敏反应

5. 生殖细胞致突变性

生殖细胞致突变性主要是指可引起人体生殖细胞突变并能遗传给后代的化学品。然而，物质和混合物分类在这一危害类别时还要考虑体外致突变性/遗传毒性试验和哺乳动物体细胞体内试验。"突变"被定义为细胞中遗传物质的数量或结构发生的永久性改变。
生殖细胞致突变性类别和标签要素的配置见表2—23。

表2—23　　生殖细胞致突变性类别和标签要素的配置

类别1A	类别1B	类别2
危险 会导致遗传 缺陷	危险 会导致遗传 缺陷	警告 怀疑会导致 遗传缺陷

6. 致癌性

致癌性是化学物质或化学物质的混合物能诱发癌症或增加癌症发病率的性质。在操作良好的动物试验研究中，诱发良性或恶性肿瘤的物质通常可认为或可疑为人类致癌物，除非有确切证据表明形成肿瘤的机制与人类无关。

致癌性类别和标签要素的配置见表2—24。

表2—24　　致癌性类别和标签要素的配置

类别1A	类别1B	类别2
危险 导致癌症	危险 导致癌症	警告 怀疑可能导致癌症

7. 生殖毒性

生殖毒性是对成年男性或女性的性功能和生育力的有害作用，以及对子代的发育毒性。在此分类系统中，生殖毒性被细分为两个主要部分：对生殖或生育能力的有害效应和对子代发育的有害效应。

（1）对生殖能力的有害效应。化学品干扰生殖能力的任何效应。这可包括，但不仅限于，女性和男性生殖系统的变化，对性成熟期开始的有害效应、配子的形成和输送、生殖周期的正常性、性功能、生育力、分娩、未成熟生殖系统的早衰和与生殖系统完整性有关的其他功能的改变。

（2）对子代发育的有害效应。就最广义而言，发育毒性包括妨碍胎儿无论出生前后的正常发育过程中的任何影响，而影响是无论来自在妊娠前其父母接触这类物质的结果，还是子代在出生前发育过程中，或出生后至性成熟时期前接触的结果。

生殖毒性类别和标签要素的配置见表2—25。

表2—25　　　　　　生殖毒性类别和标签要素的配置

类别1A	类别1B	类别2	附加类别
危险 损害生殖力或胎儿	危险 损害生殖力或胎儿	警告 怀疑会损害生殖力或胎儿	对哺乳期或通过哺乳其效应会对母乳哺养的小孩有害

8. 特异性靶器官系统毒性———一次接触

特异性靶器官系统毒性一次接触是指由一次接触产生特异性的、非致死性靶器官系统毒性的物质。包括产生即时的和/或迟发的、可逆性和不可逆性功能损害的各种明显的健康效应。

特异性靶器官系统毒性一次接触类别和标签要素的配置见表2—26。

9. 特异性靶器官系统毒性———反复接触

特异性靶器官系统毒性反复接触是指由反复接触而引起特异性的、非致死性靶器官系统毒性的物质。包括能够引起即时的和/或迟发的、可逆性和不可逆性功能损害的各种明显的健康效应。

表 2—26 特异性靶器官系统毒性一次接触类别和标签要素的配置

类别 1	类别 2	类别 3
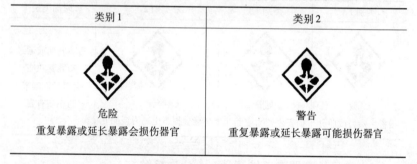		
危险	警告	警告
会损伤器官	可能损伤器官	可能引起呼吸道刺激或眩晕

特异性靶器官系统毒性反复接触类别和标签要素的配置见表 2—27。

表 2—27 特异性靶器官系统毒性反复接触类别和标签要素的配置

类别 1	类别 2
危险	警告
重复暴露或延长暴露会损伤器官	重复暴露或延长暴露可能损伤器官

10. 吸入毒性

该毒性在我国还未转化成为国家标准。

三、基于"环境危险"的分类——对水环境的危害

1. 急性水生生物毒性是指物质对短期接触它的水生生物体造成伤害的固有性质。

2. 慢性水生生物毒性是指物质在与生物体生命周期相关的接触期间对水生生物产生有害影响的潜在性质或实际的性质。

对水环境的急性和慢性危害类别和标签要素的配置分别见表 2—28 和表 2—29。

表2—28　对水环境的急性危害类别和标签要素的配置

类型1	类型2	类型3
警告 对水中生物有剧毒	无标识 无标记字符 对水中生物有毒性	无标识 无标记字符 对水中生物有害

表2—29　对水环境的慢性危害类别和标签要素的配置

类型1	类型2	类型3	类型4
警告 对水中生物具有剧烈毒性，有害影响长时间持续	无标记字符 对水中生物具有毒性，有害影响长时间持续	无标识 无标记字符 对水中生物有害，且影响长时间持续	无标识 无标记字符 可能对水中生物具有长时间持续性危险

第四节　危险化学品的安全标签和安全技术说明书

《危险化学品安全管理条例》第十五条规定：危险化学品生产企业应当提供与其生产的危险化学品相符的化学品安全技术说明书，并在危险化学品包装（包括外包装件）上粘贴或者挂挂与包装内危险化学品相符的化学品安全标签。化学品安全技术说明书和化学品安全标签所载明的内容应当符合国家标准的要求。

一、化学品安全标签

1. 化学品安全标签的定义

标签是用于标示化学品所具有的危险性和安全注意事项的一组

文字、象形图和编码组合，可粘贴、拴挂或喷印在化学品的外包装或容器上。图 2—1 所示是化学品安全标签的样例，图 2—2 所示是化学品安全标签的简化样例。

化学品名称　A组分：40%；B组分：60%		
危　险		
极易燃液体和蒸气，食入致死，对水生生物毒性非常大		

【预防措施】
·远离热源、火花、明火、热表面。使用不产生火花的工具作业。
·保持容器密闭。
·采取防止静电措施，容器和接收设备接地、连接。
·使用防爆电器、通风、照明及其他设备。
·戴防护手套、防护眼镜、防护面罩。
·操作后彻底清洗身体接触部位。
·作业场所不得进食、饮水或吸烟。
·禁止排入环境。
【事故响应】
·如皮肤（或头发）接触：立即脱掉所有被污染的衣服，用水冲洗皮肤、淋浴。
·食入：催吐，立即就医。
·收集泄漏物。
·火灾时，使用干粉、泡沫、二氧化碳灭火。
【安全储存】
·在阴凉、通风良好处储存。
·上锁保管。
【废弃处置】
·本品或其容器采用焚烧法处置。

请参阅化学品安全技术说明书
供应商：×××××××××××××××××××××　　电话：××××××
地　址：×××××××××××××××××××××　　邮编：××××××
化学事故应急咨询电话：×××××××

图 2—1　化学品安全标签的样例

2. 化学品安全标签的内容

（1）化学品标识。用中文和英文分别标明化学品的通用名称。名称要求醒目清晰，位于标签的正上方，名称应与化学品安全技术说明书中的名称一致。

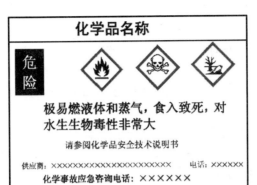

图 2—2 化学品安全标签的简化样例

（2）象形图。由图形符号及其他图形要素，如边框、背景图案和颜色组成，表述特定信息的图形组合。

（3）信号词。根据化学品的危险程度和类别，用"危险""警告"两个词分别进行危害程度的警示。信号词位于化学品名称的下方，要求醒目、清晰。

（4）危险性说明。简要概述化学品的危险特性，居于信号词下方。

（5）防范说明。表述化学品在处置、搬运、储存和使用作业中所必须注意的事项和发生意外时简单有效的救护措施等，要求内容简明扼要、重点突出。

（6）供应商标识。供应商名称、地址、邮编和电话等。

（7）应急咨询电话。填写化学品生产商或生产商委托的 24 h 化学事故应急咨询电话。

（8）资料参阅提示语。提示化学品用户应参阅化学品安全技术说明书。

（9）危险信息先后排序。当某种化学品具有两种及以上的危险性时，安全标签的象形图、信号词、危险性说明的先后顺序有相应规定。

3. 标签使用注意事项

（1）安全标签的粘贴、拴挂或喷印应牢固，保证在运输、储存期间不脱落、不损坏。

（2）安全标签应由生产企业在货物出厂前粘贴、拴挂或喷印。若要改换包装，则由改换包装单位重新粘贴、拴挂、喷印标签。

（3）盛装危险化学品的容器或包装，在经过处理并确认其危险性完全消除之后，方可撕下标签，否则不能撕下相应的标签。

二、化学品安全技术说明书

1. 化学品安全技术说明书定义

化学品安全技术说明书是一份关于危险化学品燃爆、毒性和环境危害及安全使用、泄漏应急处理、主要理化参数、法律法规等方面信息的综合性文件。

化学品安全技术说明书在国际上称为化学品安全信息卡，简称MSDS 或 CSDS。

2. 化学品安全技术说明书的主要作用

（1）它是化学品安全生产、安全流通、安全使用的指导性文件。

（2）它是应急作业人员进行应急作业时的技术指南。

（3）可为制定危险化学品安全操作规程提供技术信息。

（4）它是企业进行安全教育的重要内容。

3. 化学品安全技术说明书的内容

化学品安全技术说明书包括以下十六部分的内容。

（1）化学品及企业标识。主要标明化学品名称，该名称应与安全标签一致，建议同时标注供应商的产品代码；应标明供应商的名称、地址、电话号码、应急电话、传真和电子邮件地址；还应说明化学品的推荐用途和限制用途。

（2）危险性概述。应标明化学品主要的物理和化学危险性信息，对人体健康和环境影响的信息，如该化学品存在某些特殊的危险性质，也应说明；如果已经根据 GHS 对化学品进行了危险性分类，应标明 GHS 危险性类别，同时应注明 GHS 的标签要素，如象形图或符号等；GHS 分类未包括的危险性（如粉尘爆炸危险）也应注明：应注明人员接触后的主要症状及应急综述。

（3）成分/组成信息。应注明该化学品是物质还是混合物。如果是物质，应提供化学品或通用名、美国化学文摘登记号（CAS 号）及其他标识符；如果某种物质按 GHS 标准分类为危险化学品，则应列明所有危险组分的化学名或通用名以及浓度或浓度范围；如果是混合物，不必列明所有组合；如果按 GHS 标准被分类为危险的组分且其含量超过了浓度限值，应列明该组分的名称信息、浓度或浓度范围。对已经识别出的危险组分，也应提供其化学名或通用名、浓度或浓度范围。

（4）急救措施。应说明必要时应采取的急救措施及应避免的行动；根据不同的接触方式将信息细分为：吸入、皮肤接触、眼睛接触和食入；应简要描述接触化学品后的急性和迟发效应、主要症状和对健康的主要影响；如有必要，应包括对保护施救者的忠告和对医生的特别提示；给出及时的医疗护理和特殊的治疗。

（5）消防措施。应说明合适的灭火方法和灭火剂及不适合的灭火剂，标明特殊灭火方法及保护消防人员特殊的防护装备；应标明化学品的特别危险性（如产品是危险的易燃品等）。

（6）泄漏应急处理。作业人员防护措施、防护装备和应急处置程序；环境保护措施；污漏化学品的收容、清除方法及所使用的处置材料（如果和第 13 部分不同，列明恢复、中和与清除方法）；提供防止发生次生危害的预防措施。

（7）操作处置与储存。操作处置：安全处置注意事项，包括防止化学品人员接触、防止发生火灾和爆炸的技术措施和提供局部或全面通风、防止形成气溶胶和粉尘的技术措施等；以及防止直接接触不相容物质或混合物的特殊处置的注意事项。

储存：安全储存的条件（适合与不适合的储存条件）、安全技术措施、同禁配物隔离储存的措施、包装材料信息（建议与不建议的包装材料）。

（8）接触控制和个体防护。列明容许浓度（如职业接触限值或生物限值），如果可能，应列明容许浓度的发布日期、数据出处、试验方法及方法来源；列明减少接触的工程控制方法；列明推荐使用的个体防护设备（如呼吸系统防护、手防护、眼睛防护、皮肤和身体防护），并标明其类型和材质；若化学品只在某些特殊情况下才具有危险性（如量大、高浓度、高温、高压等）应标明这些情况下的特殊防护措施。

（9）理化特性。化学品的外观与性状（如物态、形状和颜色）；气味；pH值（并指明浓度）；燃点/凝固点；沸点、初沸点与沸程；闪点；燃烧上下极限或爆炸极限；蒸气压；蒸气密度；密度/相对密度；溶解性；n-辛醇/水分配系数；自燃温度；分解温度等。

必要时应提供：气味阈值；蒸发速率和易燃性（固体、液体、气体）；也应提供化学品安全使用的其他资料，如放射性或体积密度等。必要时提供数据的测试方法。

（10）稳定性和反应性。描述化学品的稳定性和在特定条件下可能发生的危险反应。应包括以下信息：应避免的条件（如静电、撞击或震动等）；不相容的物质；危险的分解产物（一氧化碳、二氧化碳和水除外）等。

（11）毒理学信息。全面、简洁描述使用者接触化学品后产生的各种毒性作用（健康影响），包括：急性毒性；皮肤刺激或腐蚀；眼睛刺激或腐蚀；呼吸或皮肤过敏；生殖细胞突变性；致癌性；生殖毒性；特异性靶器官系统毒性（一次性接触）；特异性靶器官系统毒性（反复接触）；吸入危害等。还可提供有关毒代动力学、代谢和分布信息。

应按照不同的接触途径（如吸入、皮肤接触、眼睛接触、食入）提供信息；如果混合物没有作为整体进行毒性试验，应提供每个组分的相关信息。

（12）生态学信息。提供化学品的环境影响、环境行为和归宿方面的信息，如化学品在环境中的预期行为，可能对环境造成的影响/生态毒性；持久性和降解性；潜在的生物累积性；土肿的迁移性。

如果可能，提供相关数据或结果，并标明引用来源；如果可能，提供任何生态学限值。

（13）废弃处置。包括为安全和有利于环境保护而推荐的废弃处置方法的信息。这些处置方法适用于化学品（残余废弃物），也适用于任何受污染的容器和包装。提醒下游用户注意当地废弃处置法规。

（14）运输信息。主要指国际运输法规规定的编号与分类信息，包括：联合国危险化物编号（UN 号）；联合国运输名称；联合国危险性分类；包装组（如果可能）；海洋污染物（是/否）。

提供使用者需要了解或遵守的其他与运输工具有关的特殊防范措施；可增加其他相关法规的规定。

（15）法规信息。应标明使用本 SDS 的国家或地区中，管理该化学品的法规名称；提供与法律相关的法规信息和化学品标签信息。提醒下游用户注意当地废弃处置法规。

（16）其他信息。应进一步提供上述各项未包括的其他重要信息，如可以提供需要进行的专业培训、建议和限制用途、参考文献等。

4. 使用要求

（1）化学品安全技术说明书由化学品的生产供应企业编印，在交付商品时提供给用户，作为用户的一种服务，随商品在市场上流通。

（2）危险化学品的用户在接收使用化学品时，要认真阅读化学品安全技术说明书，了解和掌握其危险性。

（3）根据危险化学品的危险性，结合使用情形，制定安全操作规程，培训作业人员。

（4）按照化学品安全技术说明书，制定安全防护措施。

（5）按照化学品安全技术说明书，制定急救措施。

（6）每五年要更新一次化学品安全技术说明书的内容。

第五节　危险化学品生产、使用中的危险性

一、生产火灾危险性分类

《建筑设计防火规范》（GB 50016—2006）将生产的火灾危险性分为五类：甲、乙、丙、丁、戊，生产的火灾危险性分类见表2—30。

表2—30　　　　　　生产的火灾危险性分类

生产类别	项别	使用或产生下列物质生产的火灾危险性特征
甲	1	闪点小于28℃的液体
	2	爆炸下限小于10%的气体
	3	常温下能自行分解或在空气中氧化能导致迅速自燃或爆炸的物质
	4	常温下受到水或空气中水蒸气的作用，能产生可燃气体并引起燃烧或爆炸的物质
	5	遇酸、受热、撞击、摩擦、催化及遇有机物或硫黄等易燃的无机物，极易引起燃烧或爆炸的强氧化剂
	6	受撞击、摩擦或与氧化剂、有机物接触时能引起燃烧或爆炸的物质
	7	在密闭设备内操作温度不小于物质本身自燃点的生产
乙	1	闪点不小于28℃，但小于60℃的液体
	2	爆炸下限不小于10%的气体
	3	不属于甲类的氧化剂
	4	不属于甲类的化学易燃危险固体
	5	助燃气体
	6	能与空气形成爆炸性混合物的浮游状态的粉尘、纤维、闪点不小于60℃的液体雾滴

生产类别	项别	使用或产生下列物质生产的火灾危险性特征
丙	1	闪点不小于60℃的液体
	2	可燃固体
丁	1	对不燃烧物质进行加工，并在高温或熔化状态下经常产生强辐射热、火花或火焰的生产
	2	利用气体、液体、固体作为燃料或将气体、液体进行燃烧作其他用途的各种生产
	3	常温下使用或加工难燃烧物质的生产
戊		常温下使用或加工不燃烧物质的生产

二、典型化学反应的危险性分析

1. 氧化

（1）氧化的危险性分析

1）氧化反应初期需要加热，但反应过程又会放热，这些反应热如不及时移去，将会使温度迅速升高甚至发生爆炸。特别是在250～600℃高温下进行的气相催化氧化反应及部分强放热的氧化反应，更需特别注意其温度控制，否则会因温度失控造成火灾爆炸危险。

2）有的氧化过程，如氨、乙烯和甲醇蒸气在空气中的氧化，其物料配比接近爆炸下限，倘若配比失调，温度控制不当，极易爆炸起火。

3）被氧化的物质大部分是易燃易爆物质，如氧化制取环氧乙烷的乙烯、氧化制取苯甲酸的甲苯、氧化制取甲醛的甲醇等。

4）氧化剂具有很大的火灾危险性。如氯酸钾、高锰酸钾、铬酸酐等，如遇点火源及与有机物、酸类接触，皆能引起着火爆炸。有机过氧化物具有更大的危险，不仅具有很强的氧化性而且大部分是易燃物质，有的对温度特别敏感，遇高温则爆炸。

5）部分氧化产品也具有火灾危险性。如环氧乙烷是可燃气体，含 36.7% 的甲醛水溶液是易燃液体等。此外，氧化过程还可能生成危险性较大的过氧化物，如乙醛氧化生产醋酸的过程中有过醋酸生成，过醋酸是有机过氧化物，性质极不稳定，受高温、摩擦或撞击便会分解或燃烧。

（2）氧化的安全技术要点

1）必须保证反应设备的良好传热能力。可以采用夹套、蛇管冷却，以及外循环冷却等方式；同时需采取措施避免冷却系统发生故障，如在系统中设计备用泵和双路供电等，必要时应有备用冷却系统。为了加速热量传递，要保证搅拌器安全可靠运行。

2）反应设备应有必要的安全防护装置。设置安全阀等紧急泄压装置、超温、超压、含氧量高限报警装置和安全联锁及自动控制等。为了防止氧化反应器在发生爆炸或着火时危及人身和系统安全，进出设备的物料管道上应设阻火器、水封等防火装置，以阻止火焰蔓延，防止回火。在设备系统中宜设置氮气、水蒸气灭火装置，以便能及时扑灭火灾。

3）氧化过程中如以空气或氧气作氧化剂时，反应物料的配比应严格控制在爆炸范围之外。空气进入反应器之前，应经过气体净化装置，消除空气中的灰尘、水汽、油污及可使催化剂活性降低或中毒的杂质，以保持催化剂的活性，减少着火和爆炸的危险。

4）使用硝酸、高锰酸钾等氧化剂时，要严格控制加料速度、加料顺序，杜绝加料过量、加料错误。固体氧化剂应粉碎后使用，最好呈溶液状态使用。反应中要不间断搅拌，严格控制反应温度，绝不许超过被氧化物质的自燃点。

5）使用氧化剂氧化无机物时，如使用氯酸钾氧化生成铁蓝颜料，应控制产品烘干温度不超过其燃点。在烘干之前应用清水洗涤产品，将氧化剂彻底清洗干净，以防止未完全反应的氯酸钾引起已烘干的物料起火。有些有机化合物的氧化，特别是在高温下的氧化，在设备及管道内可能产生焦状物，应及时清除，以防止局部过热或自燃。

6）氧化反应使用的原料及产品，应按有关危险品的管理规定采取相应的防火措施，如隔离存放、远离火源、避免高温和日晒、防止摩擦和撞击等。如果是电介质的易燃液体或气体，应安装除静电的接地装置。

2. 还原

（1）还原的危险性分析

1）还原过程如有氢气存在，氢气的爆炸极限为 4.1% ~ 75%，特别是催化加氢还原，大都在加热、加压条件下进行。如果操作失误或因设备缺陷有氢气泄漏，极易与空气形成爆炸性混合物，如遇点火源就会爆炸。高温高压下氢对金属有渗透作用，易造成腐蚀。

2）还原反应中所使用的催化剂——雷氏镍吸潮后在空气中有自燃危险，即使没有点火源存在也能使氢气和空气的混合物着火爆炸。

3）固体还原剂保险粉、硼氢化钾（钠）、氢化铝锂等都是遇湿易燃危险品。其中保险粉遇水发热在潮湿空气中能分解析出硫，硫蒸气受热具有自燃的危险，同时，保险粉自身受热到190℃也有分解爆炸的危险。硼氢化钾（钠）在潮湿空气中能自燃，遇水或酸分解放出大量氢气，同时产生高热，可使氢气着火而引起爆炸事故。以上还原剂如遇氧化剂会猛烈反应产生大量热量，也有发生燃烧爆炸的危险。

4）还原反应的中间体，特别是硝基化合物还原反应的中间体，也有一定的火灾危险。如生产苯胺时，如果反应条件控制不好，可生成燃烧危险性很大的环己胺。

（2）还原的安全技术要点

1）由于有氢的存在必须遵守国家爆炸危险场所安全规定。车间内的电气设备必须符合防爆要求，且不能在车间顶部敷设电线及安装电线接线；厂房通风要好，采用轻质屋顶、设置天窗或风帽，防止氢气的积聚；加压反应的设备要配备安全阀，反应中产生压力的设备要装设爆破片；最好安装氢气浓度检测和报警装置。

2）可能造成氢腐蚀的场合，设备、管道的选材要符合要求并应定期检测。

3）当用雷氏镍来活化氢气进行还原反应时，必须先用氮气置换反应器内的全部空气，并经过测定证实器内含氧量降到标准要求才可通入氢气。反应结束后应先用氮气把反应器内的氢气置换干净才可打开孔盖出料，以免外界空气与反应器内氢气相遇，在雷氏镍自燃的情况下发生着火爆炸。雷氏镍应当储存于酒精中，回收钯碳时应用酒精及清水充分洗涤，抽真空过滤时不能抽得太干以免氧化着火。

4）使用还原剂时应注意相应的安全问题。当保险粉用于溶解使用时要严格控制温度，可以在开动搅拌的情况下将保险粉分批加入水中，待溶解后再与有机物接触反应；应妥善储存保险粉防止受潮。当使用硼氢化钾（钠）作还原剂，在工艺过程中调节酸、碱度时要特别注意，防止加酸过快、过多；硼氢化钾（钠）应储存于密闭容器中置于干燥处，防水防潮并远离火源。在使用氢化铝锂作还原剂时，要特别注意必须在氮气保护下使用；氢化铝锂遇空气和水都能燃烧，平时应浸没于煤油中储存。

5）操作中必须严格控制温度、压力、流量等反应条件及反应参数，避免生成爆炸危险性很大的中间体。

6）尽量采用危险性小、还原效率高的新型还原剂代替火灾危险性大的还原剂。如用硫化钠代替铁粉进行还原可以避免氢气产生，同时还可消除铁泥堆积的问题。

3. 硝化

（1）硝化的危险性分析

1）硝化是一个放热反应，所以硝化需要在降温条件下进行。在硝化反应中，倘若稍有疏忽，如中途搅拌停止、冷却水供应不良、加料速度过快等，都会使温度猛增、混酸氧化能力增强，并有多硝基物生成，容易引起着火和爆炸事故。

2）常用硝化剂都具有较强的氧化性、吸水性和腐蚀性，与油脂、有机物，特别是不饱和的有机化合物接触即能引起燃烧。在制备硝化剂时，若温度过高或落入少量水，会促使硝酸大量分解和蒸发，不仅会导致设备的强烈腐蚀，还可造成爆炸事故。

3）被硝化的物质大多易燃，如苯、甲苯、甘油、氯苯等，不仅易燃，有的还兼有毒性，如使用或储存管理不当，容易造成火灾及中毒事故。

4）硝化产物大都有着火爆炸的危险性，如 TNT、硝化甘油、苦味酸等，当受热摩擦、撞击或接触点火源时，极易发生爆炸或着火。

（2）硝化的安全技术要点

1）硝化设备应确保严密、不泄漏，防止硝化物料溅到蒸汽管道等高温表面上而引起爆炸或燃烧。同时严防硝化器夹套焊缝因腐蚀使冷却水漏入硝化物中。如果管道堵塞可用蒸汽加温疏通，千万不能用金属棒敲打或明火加热。

2）车间厂房设计应符合国家《爆炸危险场所安全规定》。车间内的电气设备要防爆、通风良好，严禁带入火种；检修时尤其应注意防火安全，报废的管道不可随便拿用避免意外事故发生，必要时硝化反应器应采取隔离措施。

3）采用多段式硝化器可使硝化过程达到连续化，使每次投料少，以减少爆炸中毒的危险。

4）配制混酸时应先用水将浓硫酸稀释，稀释应在搅拌和冷却情况下将浓硫酸缓慢加入水中以免发生爆溅。浓硫酸稀释后，在不断搅拌和冷却条件下加浓硝酸。应严格控制温度及酸的配比，直至充分搅拌均匀为止。配制混酸时要严防因温度猛升而冲料或爆炸，更不能把未经稀释的浓硫酸与硝酸混合，以免引起突沸冲料或爆炸。

5）硝化过程中一定要避免有机物质的氧化，仔细配制反应混合物并除去其中易氧化的组分；硝化剂加料应采用双重阀门，控制好加料速度，反应中应连续搅拌，搅拌机应当有自动启动的备用电源，并备有保护性气体搅拌和人工搅拌的辅助设施，随时保证物料混合良好。

6）往硝化器中加入固体物质必须采用漏斗等设备使加料工作

机械化，从加料器上部的平台上使物料沿专用的管子加入硝化器中。

7）硝基化合物具有爆炸性，形成的中间产物（如二硝基苯酚盐，特别是铅盐）有巨大的爆炸威力。在蒸馏硝基化合物（如硝基甲苯）时，防止热残渣与空气混合发生爆炸。

8）避免油从填料函落入硝化器中引起爆炸，硝化器搅拌轴不可使用普通机油或甘油作润滑剂，以免被硝化形成爆炸性物质。

9）对于特别危险的硝化产物（如硝化甘油），则需将其放入装有大量水的事故处理槽中。在发生事故时，将物料放入硝化器附设的适当容积的紧急放料槽。

10）分析取样时应当防止未完全硝化的产物突然着火，防止烧伤事故。

4. 磺化

（1）磺化的危险性分析

1）常用的磺化剂有浓硫酸、三氧化硫、氯磺酸等。特别是三氧化硫，一旦遇水将生成硫酸，同时会放出大量的热，使反应温度升高，造成沸溢，使磺化反应导致燃烧反应而起火或爆炸；同时，由于硫酸极强的腐蚀性，增加了对设备的腐蚀破坏作用。

2）磺化反应是强放热反应，若在反应过程中温度超高可导致燃烧反应，造成爆炸或起火事故。

3）苯、硝基苯、氯苯等可燃物与浓硫酸、三氧化硫、氯磺酸等强氧化剂进行的磺化反应非常危险，因其已经具备了可燃物与氧化剂作用发生放热反应的燃烧条件。对于这类磺化反应，操作稍有疏忽都可能造成反应温度升高，使磺化反应变为燃烧反应引起着火或爆炸事故。

（2）磺化的安全技术要点

1）使用磺化剂必须严格防水防潮，严格防止接触各种易燃物，以免发生火灾爆炸；需经常检查设备管道以防止因腐蚀造成穿孔泄漏，引起火灾和腐蚀伤害事故。

2）保证磺化反应系统有良好的搅拌和有效的冷却装置，以及时移走反应热，避免温度失控。

3）严格控制原料纯度（主要是含水量），投料操作时顺序不能颠倒、速度不能过快，以控制正常的反应速度和反应热，以免正常冷却失效。

4）反应结束注意放料安全，避免烫伤及腐蚀伤害。

5）磺化反应系统应设置安全防爆装置和紧急放料装置，一旦温度失控立即紧急放料，并进行紧急冷处理。

5. 烷基化

（1）烷基化的危险性分析

1）被烷基化的物质及烷基化剂大都具有着火爆炸危险。如苯是中闪点易燃液体，闪点 $-11℃$，爆炸极限 $1.2\% \sim 8\%$；苯胺是毒害品，闪点 $70℃$，爆炸极限 $1.3\% \sim 11.0\%$；丙烯是易燃气体，爆炸极限 $1\% \sim 15\%$；甲醇是中闪点易燃液体，闪点 $11℃$，爆炸极限 $5.5\% \sim 44\%$。

2）烷基化过程所用的催化剂易燃。如三氯化铝是遇湿易燃物品，有强烈的腐蚀性，遇水（或水蒸气）会发热分解放出氯化氢气体，有时能引起爆炸，若接触可燃物则易着火。三氯化磷遇水（或乙醇）会剧烈分解，放出大量的热和氯化氢气体。氯化氢有极强的腐蚀性和刺激性，有毒，遇水及酸（硝酸、醋酸）发热、冒烟，有发生起火爆炸的危险。

3）烷基化的产品有一定的火灾危险性。

4）烷基化反应都在加热条件下进行，若反应速度控制不当可引起跑料，造成着火或爆炸事故。

（2）烷基化的安全技术要点

1）车间厂房设计应符合国家《爆炸危险场所安全规定》。应严格控制各种点火源，车间内电气设备要防爆、通风良好。易燃易爆设备和部位应安装可燃气体监测报警仪以及设置完善的消防设施。

2）妥善保存烷基化催化剂，避免与水、水蒸气及乙醇等物质接触。

3）烷基化的产品存放时需注意防火安全。

4）烷基化反应操作时应注意控制反应速度。如：保证原料、催化剂、烷基化剂等的正常加料顺序、加料速度，保证连续搅拌等，避免发生剧烈反应引起跑料，造成着火或爆炸事故。

6. 氯化

（1）氯化的危险性分析

1）氯化反应的各种原料、中间产物及部分产品都具有不同程度的火灾危险性。

2）氯化剂具有极大的危险性。氯气为强氧化剂，能与可燃气体形成爆炸性气体混合物；能与可燃烃类、醇类、羧酸和氯代烃等形成二元混合物，极易发生爆炸。氯气与烯烃形成的混合物，在受热时可自燃；与二硫化碳混合，会出现自行突然加速过程而增加爆炸危险；与乙炔的反应极为剧烈；有氧气存在时，甚至在 −78℃ 的低温也可发生爆炸。三氯化磷、三氯氧磷等遇水会发生快速分解，导致冲料或爆炸。漂白粉、光气等均具有较大的火灾危险性。有些氯化剂还具有较强的腐蚀性进而损坏设备。

3）氯化反应是放热反应，有些反应温度高达 500℃，如温度失控可造成超压爆炸。某些氯化反应会发生自行加速过程，导致爆炸危险。在生产中如果出现投料配比差错，投料速度过快极易导致火灾或爆炸性事故。

4）液氯汽化时高热使液氯剧烈汽化，可造成内压过高而爆炸；工艺、操作不当使反应物倒灌至液氯钢瓶，则可能与氯发生剧烈反应引起爆炸。

（2）氯化的安全技术要点

1）车间厂房设计应符合国家《爆炸危险场所安全规定》。应严格控制各种点火源，车间内电气设备要防爆、通风良好。易燃易爆设备和部位应安装可燃气体监测报警仪以及设置完善的消防设施。

2）最常用的氯化剂是氯气。在化工生产中氯气通常液化储存和运输，常用的容器有储罐、气瓶和槽车等，储罐中的液氯进入氯化器之前必须先进入蒸发器使其汽化。在一般情况下不能把储存氯气的气瓶或槽车当储罐使用，否则有可能使被氯化的有机物质倒流进气瓶或槽车引起爆炸。一般情况下，氯化器应装设氯气缓冲罐，以防止氯气断流或压力减小时形成倒流。氯气本身的毒性较大需避免其泄漏。

3）液氯的蒸发汽化装置，一般采用气、水混合作为热源进行升温，加热温度一般不超过50℃。

4）氯化反应是一个放热过程，氯化反应设备必须具备良好的冷却系统；必须严格控制投料配比、进料速度和反应温度等，必要时应设置自动比例调节装置和自动联锁控制装置。尤其在较高温度下进行氯化，反应更为剧烈。如在环氧氯丙烷生产中，丙烯预热至300℃左右进行氯化，反应温度可升至500℃，在这样的高温下，如果物料泄漏就会造成燃烧或引起爆炸；若反应速度控制不当正常冷却失效，温度剧烈升高也可引起事故。

5）反应过程中如存在遇水猛烈分解的物料，如三氯化磷、三氯氧磷等，不宜用水作为冷却介质。

6）氯化反应几乎都有氯化氢气体生成，因此所用设备必须防腐蚀，设备应保证严密不漏，且应通过增设吸收和冷却装置除去尾气中的氯化氢。

7．电解

（1）食盐水电解的危险性分析

1）氯气泄漏的中毒危险。

2）氢气泄漏及氯氢混合的爆炸危险。

3）杂质、反应产物的分解爆炸危险。

4）碱液灼伤及触电危险。

（2）食盐水电解的安全技术要点

1）保证盐水质量。盐水中如含有铁杂质，能够产生第二阴极而放出氢气。盐水中带入铵盐，在适宜条件下且 pH 值小于 4.5 时，铵盐和氯作用可生成氯化铵，氯作用于浓氯化铵溶液还可生成黄色、油状的三氯化氮。三氯化氮是一种爆炸性物质，与许多有机物接触或加热至 90℃ 以上及被撞击，都会发生剧烈的分解爆炸。因此，盐水配制必须严格控制质量，尤其是铁、钙、镁和无机铵盐的含量。应尽可能采用盐水纯度自动分析装置，这样可以观察盐水成分的变化，随时调节碳酸钠、氢氧化钠、氯化钡和丙烯酸铵的用量。

2）盐水高度应适当。在操作中向电解槽的阳极室内添加盐水时，如盐水液面过低，氢气有可能通过阴极网渗入阳极室内与氯气混合；若电解槽盐水装得过满，在压力下盐水会上涨。因此，盐水添加不可过少或过多，应保持一定的安全高度。采用盐水供应器应间断供给盐水，以避免电流的损失，防止盐水导管被电流腐蚀。

3）阻止氢气与氯气混合。氢气是极易燃烧的气体，氯气是氧化性很强的有毒气体，一旦两种气体混合极易发生爆炸。当氯气中含氢量达到5%以上，则随时可能在光照或受热情况下发生爆炸。造成氯气和氢气混合的原因主要有：阳极室内盐水液面过低；电解槽氢气的出口堵塞，引起阴极室压力升高；电解槽的隔膜吸附质量差；石棉绒质量不好，在安装电解槽时破坏隔膜，造成隔膜局部脱落或者送电前注入的盐水量过大将隔膜冲坏等，这些都可能引起氯气中含氢量增高。此时应对电解槽进行全面检查，将单槽氯含氢浓度及总管氯含氢浓度控制在规定值内。

4）严格遵守电解设备的安装要求。由于电解过程中有氢气存在，故有着火爆炸的危险。所以电解槽应安装在自然通风良好的单层建筑物内，厂房应有足够的防爆泄压面积。

5）掌握正确的应急处理方法。在生产中当遇突然停电或其他原因突然停车时，高压阀不能立即关闭，以免电解槽中氯气倒流而发生爆炸。应在电解槽后安装放空管及时减压，并在高压阀门上安装单向阀，以有效地防止跑氯，避免污染环境和带来火灾危险。

8. 聚合

（1）聚合的危险性分析

1）个体聚合是在没有其他介质的情况下，用浸于冷却剂中的管式聚合釜（或在聚合釜中设盘管、列管冷却）进行的一种聚合方法。如高压下乙烯的聚合、甲醛的聚合等。个体聚合的主要危险性是由于聚合热不易传导散出而导致危险。如在高压聚乙烯生产中，每聚合 1 kg 乙烯会放出 3.8 MJ 的热量，倘若这些热能未能及时移去，则每聚合 1% 的乙烯即可使釜内温度升高 12 ~ 13℃，待升到一定温度时就会使乙烯分解强烈放热，有发生爆聚的危险。

2）溶液聚合是选择一种溶剂，使单体溶成均相体系，加入催化剂或引发剂后生成聚合物的一种聚合方法。溶液聚合只适于制造低分子量的聚合体，该聚合体的溶液可直接用作涂料。如氯乙烯在甲醇中聚合，乙酸乙烯酯在乙酸乙酯中聚合。溶液聚合一般在溶剂的回流温度下进行，可以有效地控制反应温度，同时可借助溶剂的蒸发来排散反应热。这种聚合方法的主要危险性是在聚合和分离过程中，易燃溶剂容易挥发和产生静电火花。

3）悬浮聚合是在机械搅拌下用分散剂（如磷酸镁、明胶）使不溶的液态单体和溶于单体中的引发剂分散在水中，悬浮成珠状物而进行聚合的反应，如苯乙烯、甲基丙烯酸甲酯、氯乙烯的聚合等。这种聚合方法若工艺条件控制不好极易发生溢料，可能导致未聚合的单体和引发剂遇到火源而引发着火和爆炸事故。

4）乳液聚合是在机械搅拌或超声波振动下，用乳化剂（如肥皂）使不溶于水的液态单体在水中被分散成乳液而进行聚合的反应，如丁二烯与苯乙烯的共聚，以及氯乙烯、氯丁二烯的聚合等。乳液聚合常用无机过氧化物（如过氧化氢）作引发剂，聚合速度较快。若过氧化物在水中的配比控制不好将导致反应速度过快，反应温度过高而发生冲料。同时，在聚合过程中有可燃气体产生。

5）缩合聚合是具有两个或两个以上官能团的单体化合成为聚合物，同时析出低分子副产物的聚合反应。如己二酸、苯二甲酸酐及甘油缩合聚合生产聚酯，精双酚 A 与碳酸二苯酯缩合聚合生成聚碳酸酯等。缩合聚合是吸热反应，但由于反应温度过高也会导致系统的压力增加甚至引起爆裂，泄漏出易燃易爆的单体。

6）聚合物的单体大多是易燃易爆物质，如乙烯、丙烯等。聚合反应又多在高压下进行，因此单体极易泄漏并引起火灾、爆炸。

7）聚合反应的引发剂为有机过氧化物，其化学性质活泼，对热、震动和摩擦极为敏感，易燃易爆易分解。

8）聚合反应多在高压下进行，多为放热反应，反应条件控制不当就会发生爆聚，使反应器压力骤增而发生爆炸。采用过氧化物作为引发剂时，如配料比控制不当就会产生爆聚；高压下乙烯聚合、丁二烯聚合及氯乙烯聚合具有极大的危险性。

9）聚合的反应热量如不能及时导出，如搅拌发生故障、停电、停水、聚合物粘壁而造成局部过热等，均可使反应器温度迅速上升导致爆炸事故。

（2）聚合的安全技术要点

1）反应器的搅拌和温度应有控制和联锁装置，设置反应抑制剂添加系统，出现异常情况时能自动启动抑制剂添加系统，自动停车。高压系统应设爆破片、导爆管等，要有良好的除静电接地系统。

2）严格控制工艺条件，保证设备的正常运转，确保冷却效果、防止爆聚。冷却介质要充足，搅拌装置应可靠，还应采取避免粘壁的措施。

3）控制好过氧化物引发剂在水中的配比，避免冲料。

4）设置可燃气体检测报警仪，以便及时发现单体泄漏，采取对策。

5）特别重视所用溶剂的毒性及燃烧爆炸性，加强对引发剂的管理。电气设备采取防爆措施，消除各种火源，必要时对聚合装置采取隔离措施。

6）乙烯高压聚合反应，压力为 100～300 MPa，温度为 150～300℃，停留时间为 10 s 至数分钟。操作条件下乙烯极不稳定，能分解成碳、甲烷、氢气等。乙烯高压聚合的防火安全措施有：添加反应抑制剂或加装安全阀来防止爆聚反应；采用防粘剂或在设计聚合管时设法在管内周期性地赋予流体脉冲，防止管路堵塞；设计严密的压力、温度自动控制联锁系统；利用单体或溶剂汽化回流及时清除反应热。

7）氯乙烯聚合反应所用的原料除氯乙烯单体外，还有分散剂（明胶、聚乙烯醇）和引发剂（过氧化二苯甲酰、偶氮二异庚腈、过氧化二碳酸等）。主要安全措施有：采取有效措施及时除去反应热，必须有可靠的搅拌装置；采用加水相阻聚剂或单体水相溶解抑制剂来减少聚合物的粘壁作用，减少人工清釜的次数，减小聚合岗位的毒物危害；聚合釜的温度采用自动控制。

8）丁二烯聚合反应的聚合过程中，接触和使用酒精、丁二烯、金属钠等危险物质，不能暴露在空气中；在蒸发器上应备有联锁开关，当输送物料的阀门关闭时（此时管道可能引起爆炸），该联锁装置可将蒸气输入切断；为了控制猛烈反应，应有适当的冷却系统，冷却系统应保持密闭良好，并需严格地控制反应温度；丁二烯聚合釜上应装安全阀，同时连接管安装爆破片，爆破片后再连接一个安全阀；聚合生产系统应配有纯度保持在99.5%以上的氮气保护系统，在危险可能发生时立即向设备充入氮气加以保护。

9. 催化

（1）催化反应的危险性分析

1）在多相催化反应中，催化作用发生于两相界面及催化剂的表面上，这时温度、压力较难控制。若散热不良、温度控制不好等，很容易发生超温爆炸或着火事故。

2）在催化过程中，若选择催化剂不正确或加入不适量，易形成局部剧烈反应。

3）催化过程中有的产生硫化氢，有中毒和爆炸危险；有的催化过程产生氢气，着火爆炸的危险性更大，尤其在高压下，氢的腐蚀作用可使金属高压容器脆化，从而造成破坏性事故；有的产生氯化氢，氯化氢有腐蚀和中毒危险。

4）原料气中某种杂质含量增加，若能与催化剂发生反应，可能生成危害极大的爆炸危险物。如在乙烯催化氧化合成乙醛的反应中，由于催化剂体系中常含大量的亚铜盐，若原料气中含乙炔过高则乙炔会与亚铜盐反应生成乙炔铜。乙炔铜为红色沉淀，自燃点为260～270℃，是一种极敏感的爆炸物，干燥状态下极易爆炸；在空气作用下易氧化成暗黑色并易起火。

（2）常见催化反应的安全技术要点

1）催化加氢反应一般是在高压下有固相催化剂存在的条件下进行的，这类过程的主要危险性有：由于原料及成品（氢气、氨、一氧化碳等）大都易燃、易爆、有毒，高压反应设备及管道易受到腐蚀，操作不当也会导致事故，因此，需特别注意防止压缩工段的氢气在高压下泄漏产生爆炸。为了防止因高压致使设备损坏，造成氢气泄漏达到爆炸浓度，应有充足的备用蒸气或惰性气体以便应急。室内通风应当良好，宜采用天窗排气；冷却机器和设备用水不得含有腐蚀性物质；在开车或检修设备、管线之前，必须用氮气进行吹扫，吹扫气体应当排至室外，以防止窒息或中毒；由于停电或无水而停车的系统应保持余压，以免空气进入系统。无论在什么情况下，对处于压力下的设备不得进行拆卸检修。

2）催化裂化在生产过程中主要由反应再生系统、分馏系统及吸收稳定系统三个系统组成，这三个系统是紧密相连、相互影响的整体。在反应器和再生器之间，催化剂悬浮在气流中，整个床层温度应保持均匀，避免局部过热造成事故。两器压差保持稳定是催化裂化反应中最主要的安全问题，两器压差一定不能超过规定的范围，目的就是要使两器之间的催化剂沿一定方向流动避免倒流，造成油气与空气混合发生爆炸；可降温循环用水应充足，应备有单独的供水系统。若系统压力上升较高，必要时可启动气压放空火炬，维持系统压力平衡；催化裂化装置关键设备应当备有两路以上的供电，当其中一路停电时，另一路能在几秒内自动合闸送电保持装置的正常运行。

3）催化重整所用的催化剂有钼铬铝催化剂、铂催化剂、镍催化剂等。在装卸催化剂时，要防破碎和污染，未再生的含碳催化剂卸出时，要预防自燃超温烧坏；加热炉是热的来源，在催化剂重整过程中，加热炉的安全和稳定性非常重要，应采用温度自动调节系统；催化重整装置中，对于重要工艺参数如温度压力、流量、液位等均应采用安全报警，必要时采用联锁保护装置。

三、化学单元操作危险性分析

1. 物料输送

在化工生产过程中，经常需将各种原材料、中间体、产品及副产品和废弃物由前一道工序输往后一道工序或由一个车间输往另一个车间，或者输往储运地点，这些输送过程就是物料输送。

（1）固体块状物料和粉状物料输送。块状物料与粉状物料的输送，在实际生产中多采用带输送机、螺旋输送器、刮板输送机、链斗输送机、斗式提升机及气力输送（风送）等形式。

1）带输送机、刮板输送机、链斗输送机、螺旋输送器、斗式提升机，这类输送设备连续往返运转，可连续加料、连续卸载。存在的危险性主要有设备本身发生故障及由此造成的人身伤害。

2）气力输送即风力输送，主要凭借真空泵或风机产生的气流动力以实现物料输送，常用于粉状物料的输送。气力输送系统除设备本身因故障损坏外，最大的安全问题是系统的堵塞和由静电引起的粉尘爆炸。

（2）液态物料输送。化工生产中被输送的液态物料种类繁多，性质各异，温度、压力又有高低之分，因此，所用泵的种类较多，通常可分为离心泵、往复泵、旋转泵（齿轮泵、螺杆泵）、流体作用泵四类。

1）离心泵的安全要点。避免物料泄漏引发事故；避免吸入空气导致爆炸；防止静电引起燃烧；避免轴承过热引起燃烧；防止绞伤。

2）往复泵和旋转泵均属于正位移泵，开车时必须将出口阀门打开，严禁采用关闭出口管路阀门的方法进行流量调节，否则将使泵内压力急剧升高，引发爆炸事故。一般采用安装回流支路进行流量调节。

3）流体作用泵是依靠压缩气体的压力或运动着的流体本身进行流体的输送，如常见的酸蛋、空气升液器、喷射泵。这类泵无活动部件且结构简单，在化工生产中有着特殊的用途，常用于输送腐蚀性流体。

酸蛋、空气升液器等是以空气为动力的设备，必须有足够的耐压强度及良好的接地装置。输送易燃液体时不能采用压缩空气压送，要用氮、二氧化碳等惰性气体代替空气，以防止空气与易燃液体的蒸气形成爆炸性混合物，遇火源造成爆炸事故。

（3）气体物料输送。气体与液体不同之处是具有可压缩性，因此，在其输送过程中当气体压强发生变化时，其体积和温度也随之变化。对气体物料的输送必须特别重视在操作条件下气体的燃烧爆炸危险。

1）保持通风机和鼓风机转动部件的防护罩完好，避免人身伤害事故；必要时安装消音装置，避免通风机和鼓风机噪声对人体造成伤害。

2）压缩机应保证散热良好；严防泄漏；严禁空气与易燃性气体在压缩机内形成爆炸性混合物；防止静电；预防禁忌物的接触；避免操作失误。

3）真空泵应严格密封；输送易燃气体时，尽可能采用液环式真空泵。

2. 加热

加热是指将热能传给较冷物体而使其变热的过程。加热是促进化学反应和完成蒸馏、蒸发、干燥、熔融等单元操作的必要手段。加热的方法一般有直接火加热、水蒸气或热水加热、载体加热及电加热等。

（1）直接火加热的主要危险性。利用直接火加热处理易燃、易爆物质时，危险性非常大，温度不易控制，可能造成局部过热烧坏设备。由于加热不均匀易引起易燃液体蒸气的燃烧爆炸，所以在处理易燃易爆物质时，一般不采用此方法。但由于生产工艺的需要也可能采用，操作时必须注意安全。

（2）水蒸气或热水加热的主要危险性。利用水蒸气或热水加热易燃、易爆物质相对比较安全，存在的主要危险在于设备或管道超压爆炸，升温过快引发事故。

（3）载体加热的主要危险性。无论采用哪一类载体进行加热，都具有一定的危险性。载体加热的主要危险性在于载体本身的危险特性，在操作中必须予以充分重视。

1）油类作载体加热时，若用直接火通过充油夹套进行加热且在设备内处理有燃烧、爆炸危险的物质，则需将加热炉门与反应设备用砖墙隔绝或将加热炉设于车间外面，将热油输送到需要加热的设备内循环使用。油循环系统应严格密闭，不准热油泄漏，要定期检查和清除油锅、油管上的沉积物。

2）使用二苯混合物作载体加热时，需特别注意不得混入低沸点杂质（如水等），也不准混入易燃易爆杂质，否则在升温过程中极易产生爆炸危险。因此必须杜绝加热设备内胆或加热夹套内水的渗漏，在加热系统进行水压试验、检修清洗时严禁混入水。要妥善存放二苯混合物，严禁混入杂质。

3）使用无机物作为载体加热时，需特别注意在熔融的硝酸盐浴中，如加热温度过高，或硝酸盐漏入加热炉燃烧室中，或有机物落入硝酸盐浴内，均能发生燃烧或爆炸。水、酸类物质流入高温盐浴或金属浴中，也会产生爆炸危险。采用金属浴加热，操作时还应防止金属蒸气对人体的危害。

（4）电加热的主要危险性。电加热的主要危险是电炉丝绝缘受到破坏、受潮后线路的短路及接点不良而产生电火花电弧、电线发热等引燃物料，物料过热分解产生爆炸。

3. 冷却、冷凝与冷冻

（1）冷却、冷凝

1）冷却是指使热物体的温度降低而不发生相变化的过程；冷凝则指使热物体的温度降低而发生相变化的过程，通常指物质从气态变成液态的过程。

在化工生产中，实现冷却、冷凝的设备通常是间壁式换热器，常用的冷却、冷凝介质是冷水、盐水等。一般情况下，冷水所达到的冷却效果不低于 0℃；浓度为 20% 盐水的冷却效果

为 $-15 \sim 0 \, ℃$ 。

2）严格检查冷却设备的密闭性，不允许物料窜入冷却剂中，也不允许冷却剂窜入被冷却的物料中（特别是酸性气体）。

3）冷却操作时，冷却介质不能中断，否则会造成热量积聚，系统温度压力骤增引起爆炸。开车前首先清除冷凝器中的积液，然后通入冷却介质，最后通入高温物料；停车时应首先停止通入被冷却的高温物料，再关闭冷却系统。

4）有些凝固点较高的物料，被冷却后变得黏稠甚至凝固，在冷却时要注意控制温度，防止物料卡住搅拌器或堵塞设备及管道造成事故。

（2）冷冻

1）冷冻是指将物料的温度降到比周围环境温度更低的操作。冷冻操作的实质是借助于某种冷冻剂（如氟利昂、氨、乙烯、丙烯等）蒸发或膨胀时直接或间接地从需要冷冻的物料中取走热量来实现的。适当选择冷冻剂和操作过程，可以获得从摄氏零度至接近于绝对零度的任何程度的冷冻。凡冷冻温度范围在 $-100 \, ℃$ 以内的称为一般冷冻（冷冻），而冷冻温度范围在 $-100 \, ℃$ 以下的则称为深度冷冻（深冷）。在化工生产中，通常采用冷冻盐水（氯化钠、氯化钙、氯化镁等盐类的水溶液）间接制冷。

2）某些冷冻剂易燃且有毒，应防止制冷剂泄漏。

3）制冷系统压缩机、冷凝器、蒸发器及管路，应有足够的耐压程度且气密性良好，防止设备、管路裂纹、泄漏。同时要加强安全阀、压力表等安全装置的检查、维护。

4）如果制冷系统因发生事故或停电而紧急停车，应注意其对被冷冻物料的排空处理。

4. 粉碎与筛分

（1）粉碎。通常将大块物料变成小块物料的操作称为破碎，将小块物料变成粉末的操作称为研磨。

粉碎操作最大的危险性是可燃粉尘与空气形成爆炸性混合物，遇点火源发生粉尘爆炸事故，操作时需室内通风良好以减少粉尘含量。

（2）筛分。用具有不同尺寸筛孔的筛子将固体物料依照所规定的颗粒大小分开的操作称为筛分。通过筛分将固体颗粒按照粒度（块度）大小分级，选取符合工艺要求的粒度。

筛分最大的危险性是可燃粉尘与空气形成爆炸性混合物，遇点火源发生粉尘爆炸事故。在筛分操作过程中粉尘如具有可燃性，需注意因碰撞和静电而引起燃烧、爆炸。粉尘如具有毒性、吸水性或腐蚀性，需注意呼吸器官及皮肤的保护，以防引起中毒或皮肤伤害。

5. 熔融与混合

（1）熔融是将固体物料通过加热使其熔化为液态的操作。如将氢氧化钠、氢氧化钾、萘、磺酸钠等熔融之后进行化学反应；将沥青、石蜡和松香等熔融之后便于使用和加工。熔融温度一般为 150～350℃，可采用烟道气、油浴或金属浴加热。

1）碱和磺酸盐中若含有无机盐杂质应尽量除去，否则杂质不熔融，呈块状残留于熔融物内，妨碍熔融物的混合并能使其局部过热、烧焦，致使熔融物喷出烧伤操作人员，因此必须经常消除锅垢。

2）进行熔融操作时，加料量应适宜，盛装量一般不超过设备容量的三分之二，并在熔融设备的台子上设置防溢装置，防止物料溢出与明火接触发生火灾。

3）熔融过程中必须不间断地搅拌，使其加热均匀以免局部过热、烧焦，导致熔融物喷出造成烧伤。

（2）混合是指用机械或其他方法使两种或多种物料相互分散而达到均匀状态的操作，包括液体与液体的混合、固体与液体的混合、固体与固体的混合。用于液态的混合装置有机械搅拌、气流搅拌等。

混合操作是一个比较危险的过程。易燃液态物料在混合过程中发生蒸发，产生大量可燃蒸气，若泄漏将与空气形成爆炸性混合物；易燃粉状物料在混合过程中极易造成粉尘漂浮而导致粉尘爆炸。对强放热的混合过程，若操作不当也具有极大的火灾爆炸危险。

1）混合易燃、易爆或有毒物料时，混合设备应很好地密闭并通入惰性气体进行保护。

2）混合可燃物料时，设备应很好地接地以导除静电，并在设备上安装爆破片。

3）混合过程中物料放热时搅拌不可中途停止，否则会导致物料局部过热，可能产生爆炸。

6. 蒸发

蒸发是借加热作用使溶液中的溶剂不断汽化，以提高溶液中溶质的浓度或使溶质析出的物理过程。蒸发按其操作压力不同可分为常压、加压和减压蒸发。如氯碱工业中的碱液提浓、海水的淡化等。蒸发过程实际上就是一个传热过程。

被蒸发的溶液也都具有一定的特性。如溶质在浓缩过程中可能有结晶、沉淀和污垢生成。这些将导致传热效率的降低，并产生局部过热促使物料分解、燃烧和爆炸。因此，需对加热部分经常清洗。

对热敏性物料的蒸发需考虑温度控制问题。为防止热敏性物料的分解，可采用真空蒸发以降低蒸发温度，或者尽量缩短溶液在蒸发器内停留的时间和与加热面接触的时间，可采用单程型蒸发器。

7. 干燥

干燥是利用干燥介质所提供的热能除去固体物料中水分（或其他溶剂）的单元操作。干燥所用的干燥介质有空气、烟道气、氮气或其他惰性介质。

干燥过程的主要危险有干燥温度、时间控制不当造成物料分解爆炸，以及操作过程中散发出来的易燃易爆气体或粉尘与点火源接触而产生燃烧爆炸等。因此干燥过程的安全技术主要在于严格控制温度、时间及点火源。

8．蒸馏

蒸馏是利用均相液态混合物中各组分挥发度的差异，使混合液中各组分得以分离的操作。通过塔釜的加热和塔顶的回流实现多次部分汽化、多次部分冷凝，气液两相在传热的同时进行传质，使气相中的易挥发组分的浓度从塔底向上逐渐增加，使液相中的难挥发组分的浓度从塔顶向下逐渐增加。

蒸馏操作可分为间歇蒸馏和连续精馏。当挥发度差异大、容易分离或产品纯度要求不高时，通常采用间歇蒸馏；当挥发度接近、难以分离或产品纯度要求较高时，通常采用连续精馏。间歇蒸馏所用的设备为简单蒸馏塔。连续精馏采用的设备种类较多，主要有填料塔和板式塔两类。根据物料的特性，可选用不同材质和形状的填料，选用不同类型的塔板。塔釜的加热方式可以是直接火加热、水蒸气直接加热、蛇管、夹套及电感加热等。

蒸馏按操作压力又可分为常压蒸馏、减压蒸馏和加压蒸馏。处理中等挥发性（沸点为100℃左右）物料时，采用常压蒸馏较为适宜；处理低沸点（沸点低于30℃）物料时，采用加压蒸馏较为适宜；处理高沸点（沸点高于150℃）物料时，易发生分解、聚合及热敏性的物料则应采用减压蒸馏。

蒸馏涉及加热、冷凝、冷却等单元操作，是一个比较复杂的过程，其危险性较大。蒸馏过程的主要危险性有：易燃液体蒸气与空气形成爆炸性混合物遇点火源发生爆炸；塔釜中复杂的残留物在高温下发生热分解、自聚及自燃；物料中微量的不稳定杂质在塔内局部被蒸发变浓后分解爆炸，低沸点杂质进入蒸馏塔后瞬间产生大量蒸气造成设备压力骤然升高而发生爆炸；设备因腐蚀泄漏引发火灾、因物料结垢造成塔盘及管道堵塞发生超压爆炸；蒸馏温度控制不当，有液泛、冲料、过热分解、超压、自燃及淹塔的危险；加料量控制不当有沸溢的危险，同时造成塔顶冷凝器负荷不足，使未冷凝的蒸气进入产品受槽后因超压发生爆炸；回流量控制不当，造成蒸馏温度偏离正常，同时出现淹塔使操作失控，造成出口管堵塞发生爆炸。

第六节　危险化学品的储存与经营

一、危险化学品的储存

储存是化学品流通过程中非常重要的一个环节，处理不当就会造成事故。为了加强对危险化学品的管理，国家制定了一系列法规和标准，对危险化学品储存养护技术条件、审批制度、安全储存都提出了具体要求。

1. 危险化学品储存的定义

储存是指产品在离开生产领域而尚未进入消费领域之前，在流通过程中形成的一种停留。生产、经营、储存、使用危险化学品的企业都存在危险化学品的储存问题。

危险化学品的储存根据物质的理化性质和储存量的多少可分为整装储存和散装储存两类。

整装储存是将物品装于小型容器或包件中储存，如各种瓶装、袋装、桶装、箱装或钢瓶装的物品。这种储存方法存放的品种多，物品的性质复杂，比较难管理。

散装储存是指物品不带外包装的净货储存。这种储存方法量比较大，设备、技术条件比较复杂，如有机液体危险化学品甲醇、苯、乙苯、汽油等，一旦发生事故难以施救。

无论整装储存还是散装储存都有很大的潜在危险，所以经营、储存保管人员必须用科学的态度从严管理，万万不能马虎从事。

2. 危险化学品储存的要求和条件

（1）危险化学品储存的审批制度。《危险化学品安全管理条例》规定，国家对危险化学品的储存实行统筹规划、合理布局。

地方人民政府组织编制城乡规划，应当根据本地区的实际情况，按照确保安全的原则，规划适当区域专门用于危险化学品的生产、储存。

除运输工具加油站、加气站外，危险化学品生产装置或者储存数量构成重大危险源的危险化学品储存设施，与下列场所、设施、区域的距离应当符合国家有关规定：

1）居住区及商业中心、公园等人员密集场所。

2）学校、医院、影剧院、体育场（馆）等公共设施。

3）饮用水源、水厂及水源保护区。

4）车站、码头（依法经许可从事危险化学品装卸作业的除外）、机场及通信干线、通信枢纽、铁路线路、道路交通干线、水路交通干线、地铁风亭及地铁站出入口。

5）基本农田保护区、基本草原、畜禽遗传资源保护区、畜禽规模化养殖场（养殖小区）、渔业水域及种子、种畜禽、水产苗种生产基地。

6）河流、湖泊、风景名胜区、自然保护区。

7）军事禁区、军事管理区。

8）法律、行政法规规定的其他场所、设施、区域。

已建的危险化学品生产装置或者储存数量构成重大危险源的危险化学品储存设施不符合前款规定的，由所在地设区的市级人民政府安全生产监督管理部门会同有关部门监督其所属单位在规定期限内进行整改；需要转产、停产、搬迁、关闭的，由本级人民政府决定并组织实施。

储存数量构成重大危险源的危险化学品储存设施的选址，应当避开地震活动断层和容易发生洪灾、地质灾害的区域。

新建、改建、扩建生产、储存危险化学品的建设项目（以下简称建设项目），应当由安全生产监督管理部门进行安全条件审查。

建设单位应当对建设项目进行安全条件论证，委托具备国家规定的资质条件的机构对建设项目进行安全评价，并将安全条件论证和安全评价的情况报告报建设项目所在地设区的市级以上人民政府安全生产监督管理部门；安全生产监督管理部门应当自收到报告之日起45日内作出审查决定，并书面通知建设单位。

（2）危险化学品储存的基本要求

1）危险化学品的储存必须遵照国家法律、法规和其他有关的规定。

2）危险化学品必须储存在经有关部门批准设置的专门的危险化学品仓库中，经销部门自管仓库储存危险化学品及储存数量必须经有关部门批准。未经批准不得随意设置危险化学品储存仓库。

3）危险化学品露天堆放，应符合防火、防爆的安全要求，爆炸物品、一级易燃物品、遇湿燃烧物品、剧毒物品不得露天堆放。

4）储存危险化学品的仓库必须配备有专业知识的技术人员，其库房及场所应设专人管理，同时必须配备可靠的个人防护用品。

5）储存危险化学品分类可按爆炸品、压缩气体和液化气体、易燃液体、易爆固体、自燃物品和遇湿易燃物品、氧化剂和有机过氧化物、毒害品、放射性物品、腐蚀品等分类。

6）储存危险化学品应有明显的标志，标志应符合《危险货物包装标志》的规定。如同一区域储存两种以上不同级别的危险品时，应按最高等级危险物品的性能标示。

7）储存危险化学品应根据危险品性能分区、分类、分库储存。各类危险品不得与禁忌物料混合储存。

8）储存危险化学品的建筑物、区域内严禁吸烟和使用明火。

（3）危险化学品储存条件。危险化学品储存条件将按照易燃易爆物品、腐蚀性物品和毒害性物品三类分别介绍。

1）易燃易爆物品储存应按化学危险物品混存性能互抵表（见表2—31）规定分类储存。其储存的库房，应冬暖夏凉、干燥、易于通风、密封和避光。爆炸品宜储存于一级轻顶耐火建筑的库房内；低中闪点液体、一级易燃固体、自燃物品、压缩气体和液化气体类宜储存于一级耐火建筑的库房内；遇湿易燃物品、氧化剂和有机过氧化物可储存于一、二级耐火建筑的库房内；二级易燃固体、高闪点液体可储存于耐火等级不低于三级的库房内。

库房环境卫生应无杂草和易燃物；库房内清洁，地面无漏散物品，需保持地面与货垛清洁卫生。

凡混存的物品，货垛与货垛之间，必须留有1 m以上的距离，并要求包装容器完整，不使两种物品发生接触。

表2—31

化学危险物品混存性能互抵表

化学危险物品分类（小类）		爆炸性物品				氧化剂				压缩气体和液化气体				自燃物品		遇水燃烧物品		易燃液体		易燃固体		毒害性物品				腐蚀性物品				放射性物品
		点火器材	起爆器材	爆炸及爆炸性药品	其他爆炸品	一级有机无机		二级有机无机		剧毒有机无机		易燃	助燃	不燃	一级	二级	一级	二级	一级	二级	一级	二级	剧毒有机无机		有毒有机无机		酸性无机有机		碱性无机有机		
爆炸性物品	点火器材	○	○	○	○	×	×	×	×	×	×	×	×	×																	
	起爆器材	○	○	×	×	×	×	×	×	×	×	×	×	×																	
	爆炸及爆炸性药品	○	×	×	×	①	×	×	×	×	×	×	×	×																	
	其他爆炸品	○	×	×	×	×	×	×	×	×	×	×	×	×																	
氧化剂	一级无机	×	×	①	×		○	×	○	×	×	×	×	×																	
	一级有机	×	×	×	×	○		②	×	×	×	×	分	×																	
	二级无机	×	×	×	×	×	②		○	×	×	×	分	×																	
	二级有机	×	×	×	×	○	×	○		×	×	×	分	×																	
压缩气体和液化气体	剧毒（液氢和液氯有抵触）	×	×	×	×	×	×	×	×		○	×	分	○																	
	易燃	×	×	×	×	×	×	×	×	○		×	消	○																	
	助燃	×	×	×	×	×	分	分	分	×	×		分	○																	
	不燃	×	×	×	×	×	×	×	×	○	○	○		○																	

续表

化学危险物品分类（大类 / 小类）	自燃物品 一级	自燃物品 二级	遇水燃烧物品 一级	遇水燃烧物品 二级	易燃液体 一级	易燃液体 二级	易燃固体 一级	易燃固体 二级	毒害性物品 剧毒无机	毒害性物品 剧毒有机	毒害性物品 有毒无机	毒害性物品 有毒有机
爆炸性物品 点火器材	×	×	×	×	×	×	×	×	×	×	×	×
爆炸性物品 起爆器材	×	×	×	×	×	×	×	×	×	×	×	×
爆炸性物品 爆炸性药品	×	×	×	×	×	×	×	×	×	×	×	×
爆炸性物品 其他爆炸品及爆炸器材	×	×	×	×	×	×	×	×	×	×	×	×
氧化剂 一级无机	×	×	×	×	×	×	分	×	分	×	分	×
氧化剂 二级无机	×	×	×	×	×	×	分	×	分	×	分	×
氧化剂 二级有机	×	×	×	×	×	×	分	×	分	分	分	×
氧化剂 剧毒	×	×	×	×	×	×	消	分	分	分	消	分
压缩气体和液化气体 易燃	×	×	×	×	消	消	分	分	分	分	分	消
压缩气体和液化气体 助燃	×	×	×	×	消	消	分	分	分	分	分	消
压缩气体和液化气体 不燃	×	×	×	×	消	消	分	分	分	分	分	消
自燃物品 一级	○	×	×	消	消	消	分	分	分	分	分	分
自燃物品 二级	×	○	消	消	消	消	分	分	分	分	分	分
遇水燃烧物品 一级	×	消	○	×	消	消	消	消	消	消	消	消
遇水燃烧物品 二级	消	消	×	○	消	消	消	消	消	消	消	消
易燃液体 一级	消	消	消	消	○	×	消	消	消	消	分	消
易燃液体 二级	消	消	消	消	×	○	消	消	消	消	分	消
易燃固体 一级	分	分	消	消	消	消	○	×	分	×	分	消
易燃固体 二级	分	分	消	消	消	消	×	○	分	×	分	消
毒害性物品 剧毒无机	分	分	消	消	消	消	分	分	○	×	×	×
毒害性物品 剧毒有机	分	分	消	消	消	消	×	×	×	○	×	×
毒害性物品 有毒无机	分	分	消	消	分	分	分	分	×	×	○	×
毒害性物品 有毒有机	分	分	消	消	消	消	消	消	×	×	×	○
腐蚀性物品 酸性无机												
腐蚀性物品 酸性有机												
腐蚀性物品 碱性												
放射性物品												

续表

化学危险物品分类		爆炸性物品					氧化剂			压缩气体和液化气体				自燃物品		遇水燃烧物品		易燃液体		易燃固体		毒害性物品				腐蚀性物品				放射性物品
																									酸性		碱性		
小类	小类	点火器材	起爆器材	爆炸器材	爆炸及爆炸性药品	其他爆炸性物品	一级无机	二级无机	有机	剧毒	易燃	助燃	不燃	一级	二级	一级	二级	一级	二级	一级	二级	剧毒无机	剧毒有机	有毒无机	有毒有机	无机	有机	无机	有机	放射性物品
腐蚀性物品 酸性	无机	×	×	×	×	×	×	×	×	×	分	分	分	分	分	消	消	消	消	消	消	×	×	×	×	○				×
腐蚀性物品 酸性	有机	×	×	×	×	×	×	×	×	×	分	分	分	分	分	消	消	消	消	消	消	×	×	×	×	×	○			×
腐蚀性物品 碱性	无机	×	×	×	×	×	×	×	×	×	分	分	分	分	分	消	消	消	消	消	消	×	×	×	×			○		×
腐蚀性物品 碱性	有机	×	×	×	×	×	×	×	×	×	分	分	分	分	分	消	消	消	消	消	消	×	×	×	×				○	×
放射性物品		×	×	×	×	×	×	×	×	×	×	×	×	×	×	×	×	×	×	×	×	×	×	×	×	×	×	×	×	○

说明：

"○"符号表示可以混存。

"×"符号表示不可以混存。

"分"指应按化学危险品的分类进行分区分类储存。如果物品不多或仓位不够时，因其性能并不互相抵触，也可以混存。

"消"指消防施救方法不同，条件许可时最好分存。

①说明过氧化钠等过氧化物不宜和氧化剂混存。

②说明具有还原性的亚硝酸钠等亚硝酸盐类，不宜和其他无机氧化剂混存。

2）腐蚀性物品储存库房应是阴凉、干燥、通风、避光的防火建筑，建筑材料最好经过防腐蚀处理。

储存发烟硝酸、溴素、高氯酸的库房应是低温、干燥、通风的一、二级耐火建筑。溴氢酸、碘氢酸要避光储存。

库房环境卫生应无杂物，易燃物应及时清理，排水沟应畅通；房内地面、门窗、货架应经常打扫，保持清洁。

3）毒害性物品储存库房应结构完整、干燥、通风良好。机械通风排毒要有必要的安全防护措施，库房耐火等级不低于二级。

库区和库房内要保持整洁。对散落的毒品，易燃、可燃物品和库区的杂草及时清除。用过的工作服、手套等用品必须放在库外安全地点，妥善保管或及时处理。更换储存毒品品种时，要将库房清扫干净。

3. 危险化学品储存安排

（1）危险化学品储存方式。危险化学品储存方式分为三种：隔离储存、隔开储存和分离储存。

隔离储存是指在同一房间同一区域内，不同的物料之间分开一定距离，非禁忌物料间用通道保持空间的储存方式。

隔开储存是指在同一建筑或同一区域内，用隔板或墙将其与禁忌物料分离开的储存方式。

分离储存是指在不同建筑物或远离所有建筑的外部区域内的储存方式。

（2）危险化学品堆垛

1）易燃易爆性物品堆垛应根据库房条件、商品性质和包装形态采取适当的堆码和垫底方法。

各种物品不允许直接落地存放。根据库房地势高低，一般应垫高 15 cm 以上。遇湿易燃物品、易吸潮溶化和吸潮分解的商品应根据情况加大下垫高度。

各种物品应码行列式压缝货垛，做到牢固、整齐、美观，出入库方便，一般垛高不超过 3 m。

2）堆垛在库房、货棚或露天货场储存的腐蚀性物品，货垛下应有隔潮设施，库房中一般不低于 15 cm，货场不低于 30 cm。

根据物品性质、包装规格采用适当的堆垛方法，要求货垛整齐，堆码牢固，数量准确，禁止倒置。

按出厂先后或批号分别堆码。堆垛高度在 1.5~3.5 m。

3）毒害性物品也不得就地堆码，货垛下应有隔潮设施，垛底一般不低于 15 cm。一般性毒害性物品可堆存大垛，挥发性液体毒品不宜堆大垛，可堆存行列式。要求货垛牢固、整齐、美观，垛高不超过 3 m。

（3）危险化学品储存安排

1）危险化学品储存安排取决于危险化学品分类、分项、容器类型、储存方式和消防的要求。

2）储存量及储存安排见表 2—32。

表 2—32 储存量及储存安排

储存要求 ＼ 储存类别	露天储存	隔离储存	隔开储存	分离储存
平均单位面积储存量（t/m²）	1.0~1.5	0.5	0.7	0.7
单一储存区最大储量（t）	2 000~2 400	200~300	200~300	400~600
垛距限制（m）	2	0.3~0.5	0.3~0.5	0.3~0.5
通道宽度（m）	4~6	1~2	1~2	5
墙距宽度（m）	2	0.3~0.5	0.3~0.5	0.3~0.5
与禁忌品距离（m）	10	不得同库储存	不得同库储存	7~10

3）遇火、遇热、遇潮能引起燃烧、爆炸或发生化学反应，产生有毒气体的危险化学品不得在露天或有潮湿、积水的建筑物中储存。

4）受日光照射能发生化学反应引起燃烧、爆炸、分解、化合或能产生有毒气体的危险化学品应储存在一级建筑物中，其包装应采取避光措施。

5）爆炸物品不准和其他类物品同储，必须单独隔离限量储存，仓库不准建在城镇，还应与周围建筑、交通干道、输电线路保持一定安全距离。

6）压缩气体和液化气体必须与爆炸物品、氧化剂、易燃物品、自燃物品、腐蚀性物品隔离储存。易燃气体不得与助燃气体、剧毒气体同储；氧气不得与油脂混合储存；盛装液化气体的容器属压力容器的，必须有压力表、安全阀、紧急切断装置，并定期检查不得超装。

7）易燃液体、遇湿易燃物品、易燃固体不得与氧化剂混合储存，具有还原性的氧化剂应单独存放。

8）有毒物品应储存在阴凉、通风、干燥的场所，不要露天存放，不要接近酸类物质。

9）腐蚀性物品包装必须严密，不允许泄漏，严禁和其他物品共存。

4. 危险化学品出入库管理

危险化学品出入库必须严格按照出入库管理制度进行，装卸、搬运物品都应根据危险化学品性质按规定进行。

（1）入库要求

1）入库商品必须附有生产许可证和产品检验合格证，进口商品必须附有中文安全技术说明书或其他说明。

2）商品性状、理化常数应符合产品标准，由存货方负责检验。

3）保管方对商品外观、内外标志、容器包装及衬垫进行感官检验，验收后做出验收记录。

4）验收应在库外安全地点或验收室进行。

5）每种商品拆箱验收 2~5 箱（免检商品除外），发现问题则扩大验收比例，验收后将商品包装复原并做标记。

（2）出库要求

1）保管员发货必须以手续齐全的发货凭证为依据。

2）按生产日期和批号顺序先进先出。

3）对毒害性物品还应执行双锁、双人复核制发放，详细记录以备查用。

（3）其他要求

1）进入危险化学品储存区域的人员、机动车辆和作业车辆，必须采取防火措施。

2）装卸、搬运危险化学品时应按有关规定进行，做到轻装、轻卸，严禁摔、碰、撞、击、拖拉、倾倒和滚动。

3）装卸对人身有毒害及腐蚀性的物品时，操作人员应根据危险性，穿戴相应的防护用品。

4）不得用同一车辆运输互为禁忌的物料。

5）修补、换装、清扫、装卸易燃易爆物料时，应使用不产生火花的铜制、合金制或其他工具。

二、危险化学品的经营

《危险化学品安全管理条例》规定，国家对危险化学品经营（包括仓储经营，下同）实行许可制度。未经许可，任何单位和个人不得经营危险化学品。

从事危险化学品经营的企业应当具备下列条件：

第一，有符合国家标准、行业标准的经营场所，储存危险化学品的，还应当有符合国家标准、行业标准的储存设施。

第二，从业人员经过专业技术培训并经考核合格。

第三，有健全的安全管理规章制度。

第四，有专职的安全管理人员。

第五，有符合国家规定的危险化学品事故应急预案和必要的应急救援器材、设备。

第六，法律、法规规定的其他条件。

从事剧毒化学品、易制爆危险化学品经营的企业，应当向所在地设区的市级人民政府安全生产监督管理部门提出申请，从事其他危险化学品经营的企业，应当向所在地县级人民政府安全生产监督管理部门提出申请（有储存设施的，应当向所在地设区的市级人民政府安全生产监督管理部门提出申请）。申请人应当提交其符合《危险化学品安全管理条例》第三十四条规定条件的证明材料。设区的市级人民政府安全生产监督管理部门或者县级人民政府安全生产监督管理部门应当依法进行审查，并对申请人的经营场所、储存设施进行现场核查，自收到证明材料之日起 30 日内作出批准或者不予批准的决定。予以批准的，颁发危险化学品经营许可证；不予批准的，书面通知申请人并说明理由。

设区的市级人民政府安全生产监督管理部门和县级人民政府安全生产监督管理部门应当将其颁发危险化学品经营许可证的情况及时向同级环境保护主管部门和公安机关通报。

申请人持危险化学品经营许可证向工商行政部门办理登记手续后，方可从事危险化学品经营活动。法律、行政法规或者国务院规定经营危险化学品还需要经其他有关部门许可的，申请人向工商行政部门办理登记手续时还应当持相应的许可证件。

依法取得危险化学品安全生产许可证、危险化学品安全使用许可证、危险化学品经营许可证的企业，凭相应的许可证件购买剧毒化学品、易制爆危险化学品。民用爆炸物品生产企业凭民用爆炸物品生产许可证购买易制爆危险化学品。

上文规定以外的单位购买剧毒化学品的，应当向所在地县级公安机关申请取得剧毒化学品购买许可证；购买易制爆危险化学品的，应当持本单位出具的合法用途说明。

个人不得购买剧毒化学品（属于剧毒化学品的农药除外）和易制爆危险化学品。

申请取得剧毒化学品购买许可证，申请人应当向所在地县级公安机关提交下列材料：

1. 营业执照或者法人证书（登记证书）的复印件。
2. 拟购买的剧毒化学品品种、数量的说明。
3. 购买剧毒化学品用途的说明。
4. 经办人的身份证明。

县级公安机关应当自收到以上规定的材料之日起 3 日内，作出批准或者不予批准的决定。予以批准的，颁发剧毒化学品购买许可证；不予批准的，书面通知申请人并说明理由。

危险化学品生产企业、经营企业销售剧毒化学品、易制爆危险化学品，应当查验《危险化学品安全管理条例》第三十八条第一款、第二款规定的相关许可证件或者证明文件，不得向不具有相关许可证件或者证明文件的单位销售剧毒化学品、易制爆危险化学品。对持剧毒化学品购买许可证购买剧毒化学品的，应当按照许可证载明的品种、数量销售。禁止向个人销售剧毒化学品（属于剧毒化学品的农药除外）和易制爆危险化学品。

危险化学品生产企业、经营企业销售剧毒化学品、易制爆危险化学品，应当如实记录购买单位的名称、地址、经办人的姓名、身份证号码及所购买的剧毒化学品、易制爆危险化学品的品种、数量、用途。销售记录和经办人的身份证明复印件、相关许可证件复印件或者证明文件的保存期限不得少于 1 年。

剧毒化学品、易制爆危险化学品的销售企业、购买单位应当在销售、购买后 5 日内，将所销售、购买的剧毒化学品、易制爆危险化学品的品种、数量和流向信息报所在地县级公安机关备案，并输入计算机系统。

第七节　危险化学品包装与运输

工业产品的包装是现代工业中不可缺少的组成部分。一种产品从生产到使用，一般要经过多次装卸、储存、运输的过程。在这个过程中，产品将不可避免地受到碰撞、跌落、冲击和振动。一个好的包装，将会很好地保护产品，减少运输过程中的破损，使产品安全地到达用户手中。这对于危险化学品显得尤为重要。包装方法得当就会降低储存、运输中的事故发生率，否则就会有可能导致重大事故。

一、危险化学品的包装

1. 危险化学品包装的有关规定

《危险化学品安全管理条例》第六条规定：质量监督检验检疫部门负责核发危险化学品及其包装物、容器（不包括储存危险化品的固定式大型储罐，下同）生产企业的工业产品生产许可证，并依法对其产品质量实施监督，负责对进出口危险化学品及其包装实施检验。

2. 包装类别

按其危险程度危险化学品划分为三个包装类别。

Ⅰ类包装：货物具有较大危险性，包装强度要求高。

Ⅱ类包装：货物具有中等危险性，包装强度要求较高。

Ⅲ类包装：货物具有较小危险性，包装强度要求一般。

应当按照危险化学品的不同类项及有关的定量值确定其包装类别。

3. 包装的基本要求

（1）危险货物运输包装应结构合理，具有一定强度，防护性能好。包装的材质、型式、规格、方法和单件质量（重量），应与所装危险货物的性质和用途相适应，并便于装卸、运输和储存。

（2）包装应质量良好，其构造和封闭形式应能承受正常运输条件下的各种作业风险，不应因温度、湿度或压力的变化而发生任何渗（撒）漏，包装表面应清洁，不允许黏附有害的危险物质。

（3）包装与内装物直接接触部分，必要时应有内涂层或进行防护处理，包装材质不得与内装物发生化学反应而形成危险产物或导致削弱包装强度。

（4）内容器应予固定。如属易碎性的应使用与内装物性质相适应的衬垫材料或吸附材料衬垫妥实。

（5）盛装液体的容器，应能经受在正常运输条件下产生的内部压力。灌装时必须留有足够的膨胀余量（预留容积），除另有规定外，应保证在温度55℃时，内装液体不致完全充满容器。

（6）包装封口应根据内装物性质采用严密封口、液密封口或气密封口。

（7）盛装需要浸湿或加有稳定剂的物质时，其容器封闭形式应能有效地保证内装液体（水、溶剂和稳定剂）的百分比，在储运期间保持在规定的范围以内。

（8）有降压装置的包装，其排气孔设计和安装应能防止内装物泄漏和外界杂质进入，排出的气体量不得造成危险和污染环境。

（9）复合包装的内容器和外包装应紧密贴合，外包装不得有擦伤内容器的凸出物。

（10）无论是新型包装、重复使用的包装还是修理过的包装均应符合危险货物运输包装性能试验的要求。

（11）盛装爆炸品包装的附加要求

1）盛装液体爆炸品容器的封闭形式，应具有防止渗漏的双重保护。

2）除内包装能充分防止爆炸品与金属物接触外，铁钉和其他没有防护涂料的金属部件不得穿透外包装。

3）双重卷边接合的钢桶、金属桶或以金属做衬里的包装箱，应能防止爆炸物进入隙缝。钢桶或铝桶的封闭装置必须有合适的垫圈。

4）包装内的爆炸物质和物品，包括内容器，必须衬垫妥实，在运输过程中不得发生危险性移动。

5）盛装有对外部电磁辐射敏感的电引发装置的爆炸物品，包装应具备防止所装物品受外部电磁辐射源影响的功能。

4. 包装容器

危险化学品包装物、容器是根据危险化学品的特性，按照有关法规、标准专门设计制造的桶、罐、瓶、箱、袋等。

二、危险化学品的运输

运输是危险化学品流通过程中的一个重要环节，在每年各种事故的统计中，危险化学品运输事故占有相当大的比例。《中华人民共和国安全生产法》和《危险化学品安全管理条例》对危险化学品运输作了相关规定和要求。其目的是要加强对危险化学品运输安全管理，防止事故发生。

从事危险化学品道路运输、水路运输的，应当分别依照有关道路运输、水路运输的法律、行政法规的规定，取得危险货物道路运输许可、危险货物水路运输许可，并向工商行政管理部门办理登记手续。

危险化学品道路运输企业、水路运输企业的驾驶人员、船员、装卸管理人员、押运人员、申报人员、集装箱装箱现场检查员应当经交通部门考核合格，取得从业资格。

危险化学品的装卸作业应当遵守安全作业标准、规程和制度，并在装卸管理人员的现场指挥或者监控下进行。水路运输危险化学品的集装箱装箱作业应当在集装箱装箱现场检查员的指挥或者监控下进行，并符合积载、隔离的规范和要求；装箱作业完毕后，集装箱装箱现场检查员应当签署装箱证明书。

运输危险化学品，应当根据危险化学品的危险特性采取相应的安全防护措施，并配备必要的防护用品和应急救援器材。用于运输危险化学品的槽罐及其他容器应当封口严密，能够防止危险化学品在运输过程中因温度、湿度或者压力的变化发生渗漏、洒漏；槽罐及其他容器的溢流和泄压装置应当设置准确、启闭灵活。

通过道路运输危险化学品的，托运人应当委托依法取得危险货物道路运输许可的企业承运。通过道路运输危险化学品的，应当按照运输车辆的核定载质量装载危险化学品，不得超载。危险化学品运输车辆应当符合国家标准要求的安全技术条件，并按照国家有关规定定期进行安全技术检验。危险化学品运输车辆应当悬挂或者喷涂符合国家标准要求的警示标志。

运输危险化学品途中因住宿或者发生影响正常运输的情况，需要较长时间停车的，驾驶人员、押运人员应当采取相应的安全防范措施；运输剧毒化学品或者易制爆危险化学品的，还应当向当地公安机关报告。未经公安机关批准，运输危险化学品的车辆不得进入危险化学品运输车辆限制通行的区域。危险化学品运输车辆限制通行的区域由县级公安机关划定，并设置明显的标志。

通过道路运输剧毒化学品的，托运人应当向运输始发地或者目的地县级公安机关申请剧毒化学品道路运输通行证。申请剧毒化学品道路运输通行证，托运人应当向县级公安机关提交下列材料：

1. 拟运输的剧毒化学品品种、数量的说明。

2. 运输始发地、目的地、运输时间和运输路线的说明。

3. 承运人取得危险货物道路运输许可、运输车辆取得营运证及驾驶人员、押运人员取得上岗资格的证明文件。

4. 购买剧毒化学品的相关许可证件，或者海关出具的进出口证明文件。

县级公安机关应当自收到以上规定的材料之日起 7 日内，作出批准或者不予批准的决定。予以批准的，颁发剧毒化学品道路运输通行证；不予批准的，书面通知申请人并说明理由。

剧毒化学品、易制爆危险化学品在道路运输途中丢失、被盗、被抢或者出现流散、泄漏等情况的，驾驶人员、押运人员应当立即采取相应的警示措施和安全措施，并向当地公安机关报告。公安机关接到报告后，应当根据实际情况立即向安全生产监督管理部门、环保部门、卫生部门通报。有关部门应当采取必要的应急处置措施。

托运危险化学品的，托运人应当向承运人说明所托运的危险化学品的种类、数量、危险特性及发生危险情况的应急处置措施，并按照国家有关规定对所托运的危险化学品妥善包装，在外包装上设置相应的标志。运输危险化学品需要添加抑制剂或者稳定剂的，托运人应当添加，并将有关情况告知承运人。

托运人不得在托运的普通货物中夹带危险化学品，不得将危险化学品匿报或者谎报为普通货物托运。任何单位和个人不得交寄危险化学品或者在邮件、快件内夹带危险化学品，不得将危险化学品匿报或者谎报为普通物品交寄。邮政企业、快递企业不得收寄危险化学品。对涉嫌违反规定的，交通部门、邮政部门可以依法开拆查验。

通过铁路、航空运输危险化学品的安全管理，依照有关铁路、航空运输的法律、行政法规、规章的规定执行。

第八节　电气安全

一、电流对人体的伤害

电流对人体的伤害表现有以下几种：

1. 轻度触电，产生针刺、压迫感，出现头晕、心悸、面色苍白、惊慌、肢体软弱、全身乏力等。

2. 较重者有打击感、疼痛、抽搐、昏迷、休克，伴随心律不齐，迅速转入心搏、呼吸停止的"假死"状态。

3. 小电流引起心室颤动是最致命的危险，可造成死亡。

4. 皮肤通电局部会造成电灼伤。

5. 触电后遗症有中枢神经受损害，可导致失明、耳聋、精神失常、肢体瘫痪等。

二、电气安全要求

触电事故具有突发性和隐蔽性，但也具有一定的规律性。在实践的基础上，不断研究其规律性，采取相应的防护措施，可以有效预防触电事故的发生。

1. 屏蔽和障碍防护

某些开启式开关电器的活动部分不便绝缘，或高压设备的绝缘不能保证人在接近时的安全，应设立屏蔽或障碍防护措施。

将带电部分用遮栏或外壳与外界完全隔开，以避免人从经常接近的方向或任何方向直接触及带电部分。

设置阻挡物用于防止无意的直接接触，如在生产现场采用板状、网状、筛状阻挡物。由于阻挡物的防护功能有限，因此在采用时应附设警告信号灯、警告信号标志等。必要时可设置声、光报警信号及联锁保护装置。

2. 绝缘防护

用绝缘材料将带电部分全部包裹起来，防止在正常工作条件下与任何带电部分接触。所采取的绝缘保护应根据所处环境和应用条件，对绝缘材料规定绝缘性能参数，其中绝缘电阻、泄漏电流、介电强度是最主要的参数。常见的绝缘材料有瓷、云母、橡胶、塑料、棉布、纸、矿物油等。电气设备的绝缘性能由绝缘材料和工作环境决定，其指标为绝缘电阻，绝缘电阻越大，则电气设备泄漏的电流越小，绝缘性能越好。

除设备的绝缘防护外，工作人员应根据需要配备相应的绝缘防护用品，如绝缘手套、绝缘鞋、绝缘垫等。

3. 漏电保护

漏电保护器是一种在设备及线路漏电时，保证人身和设备安全的装置，其作用在于防止由于漏电引起的人身伤害，同时可防止由于漏电引起的设备火灾。通常用在故障情况下的触电保护，但也可作为直接触电防护的补充措施，以便在其他直接防护措施失败或操作者疏忽时实行直接触电防护。

在电源中性直接接地的保护系统中，在规定的场所、设备范围内必须安装漏电保护器和实现漏电保护器的分级保护。对一旦发生漏电切断电源时会造成事故和重大经济损失的装置和场所，应安装报警式漏电保护器。

4. 安全间距

为了防止人体、车辆触及或接近带电体造成事故，防止过电压放电和各种短路事故，国家规定了各种安全间距，大致可分为四种：各种线路的安全距离、变配电设备的安全距离、各种用电设备的安全距离、检修维修时的安全距离。为了防止各种电气事故的发生，带电体与地面之间、带电体与带电体之间、带电体与人体之间、带电体与其他设施设备之间，均应保持安全距离，如架空线路的架设高度应符合有关的规定等。

厂区内起重作业时起重臂可能会触及架空线，导致起重作业区内形成跨步电压，严重威胁作业人员的安全。因此在架空线附近进行起重作业时应严格管理，起重机具及重物与线路导线的最小距离应符合有关的规定。

5. 安全电压

安全电压是制定安全措施的依据，是按人体允许承受的电流和人体电阻值的乘积确定的。一般情况下视摆脱电流 10 mA（交流）为人体允许电流，但在电击可能造成严重二次事故的场合，如水中或高空，允许电流应按不引起人体强烈痉挛的 5 mA 来考虑。人体电阻一般在 1 000 ~ 2 000 Ω，但在潮湿、多汗、多粉尘的情况下，人体电阻只有数百欧姆。因此，当电气设备需要采用安全电压来防止触电事故时，应根据使用环境、人员和使用方式等因素选用不同等级的安全电压。

国内过去多采用 36 V、12 V 两种等级的安全电压。手提灯、危险环境携带式电动工具和局部照明灯，高度不足 2.5 m 的一般照明灯，如无特殊安全结构或安全措施，宜采用 36 V 安全电压。凡用于工作地狭窄、行动不便及周围有大面积接地导体的环境（如金属容器、管道内）的手提照明灯，应采用 12 V。

安全电压应由隔离变压器供电，使输入与输出电路隔离；安全电压电路必须与其他电气系统和任何无关的可导电部分实现电气上的隔离。

6. 保护接地与接零

保护接地，是指把用电设备在故障情况下可能出现危险的金属部分（如外壳等）用导线与接地体连接起来，使用电设备与大地紧密连通。在电源为三相三线制的中性点不直接接地或单相制的电力系统中，应设保护接地线。

保护接零是把电气设备在正常情况下不带电的金属部分（如外壳等），用导线与低压电网的零线（中性线）连接起来。在电压为三相四线制的变压器中性点直接接地的电力系统中，应采用保护接零。

三、触电事故的急救

触电时应立即切断电源，如不易切断电源，救助者必须使用防止触电的物品，如橡胶手套、橡胶长靴等使自己绝缘后再用干燥的木棒等绝缘的物体将电线拉离触电者，千万不能用手直接拉触电者。离开电源后，把触电者移至安全场所，使其平静地躺下实施必要的救治，必要时迅速送医院检查治疗。

第九节　高处作业安全

一、高处作业的定义

凡是在距坠落基准面 2 m 及其以上，有可能坠落的高处进行的作业；距坠落基准面 2 m 以下，但在作业地段坡度大于 45° 的斜坡下面或附近有坑、井和有风雨袭击、机械振动的地方，以及有转动机械或有堆放物易伤人的地段进行的作业，均称为高处作业。高处作业的级别为：高度大于等于 2 m、小于等于 5 m 为一级；高度大于 5 m、小于等于 15 m 为二级；高度大于 15 m、小于等于 30 m 为三级；高度大于 30 m 为特级。高处作业要办理"高处安全作业证"，方可作业。

二、高处作业安全要求

1. 作业人员

患有精神病、癫痫病、高血压、心脏病等疾病的人不准参加高处作业。工作人员饮酒、精神不振时禁止登高作业，患深度近视眼病的人员也不宜从事高处作业。

2. 作业条件

高处作业均需先搭脚手架或采取其他防止坠落的措施后方可进行。在没有脚手架或者没有栏杆的脚手架上工作，高度超过 1.5 m 时，必须使用安全带或采取其他可靠的安全措施。

3. 现场管理

高处作业现场应设有围栏或其他明显的安全界标。除有关人员外，不准其他人在作业地点的下方通行或逗留。进入高处作业现场的所有工作人员必须戴好安全帽。高处作业应与地面保持联系，根据现场情况配备必要的联络工具并指定专人负责联系。

4. 防止工具材料坠落

高处作业时一律应用工具袋。较大的工具用绳拴牢在坚固的构件上，不准随便乱放。工作过程中除指定的、已采取防护围栏处或落料管槽可以倾倒废料外，严禁向下抛掷物料。

5. 防止触电和中毒

脚手架搭建时应避开高压线。高处作业地点如靠近放空管，万一有毒有害气体排放，应按计划路线迅速撤离现场，并根据可能出现的意外情况采取应急安全措施。

6. 注意结构的牢固性和可靠性

在槽顶、罐顶、屋顶等设备或建筑物、构筑物上作业时，除了临空一面装设安全网或栏杆等防护措施外，事先应检查其牢固可靠程度，防止失稳或破裂等可能出现的危险。严禁不采取任何安全措施，直接站在石棉瓦、油毛毡等易碎裂材料的屋顶上作业。若必须在此类结构上作业时，应架设人字梯或铺上木板以防止坠落。

第十节　化工检修作业安全

化工生产的危险性决定了化工设备检修的危险性。化工设备和管道中大多残存着易燃易爆有毒的物质，化工抢修及检修又离不开动火、动土、进罐入塔等作业，故客观上具备了发生火灾、爆炸、中毒、化工灼烧等事故的条件，稍有疏忽就会发生重大事故。

一、检修前的准备

1. 成立检修指挥部

大修、中修时，为了加强停车检修工作的集中领导和统一计划，确保停车检修的安全顺利进行，检修前要成立检修指挥部。针对装置检修项目的特点，指挥部成员应明确分工、分片包干、各司其职、各负其责。

2. 制定检修方案

无论是全厂性停车大检修、系统或车间的检修，还是单项工程或单个设备的检修，在检修前均需制定装置停车、检修、开车方案及其安全措施。

3. 检修前的安全教育

检修前，检修指挥部负责向参加检修的全体人员（包括外单位人员、临时工作人员等）进行检修技术方案交底，使其明确检修内容、步骤、方法、质量标准、人员分工、注意事项、存在的危险因素和由此而采取的安全技术措施等，达到分工明确、责任到人。同时还要组织检修人员到检修现场，了解和熟悉现场环境，进一步核实安全措施的可靠性。检修人员经安全教育并考试合格取得"安全（作业）合格证"后才能准许持证参加检修。

4. 检修前的检查

装置停车检修前，应由检修指挥部统一组织，对停车前的准备工作进行一次全面的检查。检查内容主要包括检修方案、检修项目及相应的安全措施、检修机具和检修现场等。

二、装置安全停车

化工装置在停车过程中，要进行降温、降压、降低进料量，一直到切断原料的进料。组织不好、指挥不当或联系不周、操作失误都容易发生事故。

正常停车按岗位操作执行，较大系统的停车必须编写停车方案，做好检修期间的劳动组织分工及进行检修动员等工作，并严格按照停车方案进行有秩序的停车。在停车操作中应注意以下事项：

1. 大型传动设备的停车，必须先停主机、后停辅机。

2. 系统降压、降温必须按要求的速率、先高压后低压的顺序进行。凡需保温、保压的设备，停车后要按时记录温度、压力的变化。

3. 把握好降量的速度，开关阀门的操作一般要缓慢进行。

4. 高温真空设备的停车必须先破真空，待设备内的介质温度降到自燃点以下后，方可与大气相通，以防空气进入引起介质的燃爆。

5. 设备卸压时，应对周围环境进行检查确认，要注意易燃、易爆、有毒等危险化学品的排放和扩散，防止造成事故。

6. 装置停车时，应尽可能倒空设备及管道内的液体物料。应采取相应措施，不得就地排放或排入下水道中。可燃、有毒气体应排至火炬烧掉。

7. 加热炉的停炉操作，应按工艺规程中规定的降温曲线进行，并注意炉膛各处降温的均匀性。加热炉未全部熄灭或炉膛温度很高时，有引燃可燃气体的危险性，此装置不得进行排空和低点排凝，以免可燃气体飘进炉膛引起爆炸。

三、装置停车后的安全处理

化工装置在停车后应进行盲板抽堵、设备吹扫、置换等工作。盲板抽堵和吹扫置换工作进行的质量，直接关系到装置的安全检修。

1. 盲板抽堵作业

检修设备和运行系统隔离的最保险方法是将与检修设备相连的管道、管道上的阀门、伸缩接头可拆部分拆卸，再在管路侧的法兰上装设盲板。如果不可拆卸或拆卸十分困难，则应在和检修设备相连的管道法兰接头之间插入盲板。

抽堵盲板属于危险作业，需办理"盲板抽堵安全作业证"方可作业；高处抽堵盲板还应办理"高处安全作业证"。

2. 置换作业

为保证检修动火和设备内作业的安全，设备检修前内部的易燃、有毒气体应进行置换；酸碱等腐蚀性液体应该中和；为保证罐内作业安全和防止设备腐蚀，经过酸洗或碱洗后的设备，还应进行中和处理。

易燃、有毒有害气体的置换，大多采用蒸汽、氮气等惰性气体作为置换介质。也可采用"注水排气"法将易燃有害气体压出，达到置换要求。设备经惰性气体置换后，工作人员若需要进入其内部工作，则事先必须用空气置换惰性气体以防窒息。

3. 设备清扫和清洗

经过置换等作业方法清除的沉积物，利用蒸汽、热水或碱液等进行蒸煮、溶解、中和等方法将沉积的可燃、有毒物质清除干净。

（1）人工揩擦或铲刮。对某些设备内部的沉积物可用人工揩擦、铲刮的方法清除。进行此项作业时，设备应符合设备内作业安全规定。若沉积物是可燃物或酸性容器壁上的污物和残酸，则应用木质、铜质、铝质等不产生火花的铲、刷、钩等工具。若是有毒的沉积物应做好个人防护，必要时需戴好防毒面具后再作业。应及时清扫并妥善处理铲刮下来的沉积物。

（2）用蒸汽或高压热水清扫。油罐的清扫通常采用蒸汽或高压喷射的方法清洗掉罐壁上的沉积物，但必须防止静电火花引起燃烧、爆炸。蒸汽一般宜用低压饱和蒸汽，蒸汽和高压热水管道应用导线和槽罐连接起来并接地。用蒸汽或热水清扫后，入罐前应让其充分冷却以防止烫伤。油类设备管道的清洗可以用氢氧化钠溶液，用量为每千克水加入 80 ~ 120 g 氢氧化钠，用此浓度的碱液清洗几遍或通入蒸汽煮沸，再将碱液除去用水洗涤。溶解固体氢氧化钠时，应将碱片或碱碎块分批多次逐渐加入清水中同时缓慢搅动，待全部碱块加入溶解后，方可通蒸汽煮沸。绝不能先将碎碱块放入设备或管道内再加水。对汽油桶一类的油类容器，可以用蒸汽吹洗。

（3）化学清洗。为检修安全和防止设备的腐蚀、过热，对设备管道内的泥垢、油垢、水垢和铁锈等沉积物和附着物可以用化学清洗的方法除去。常用的有碱洗法，如在氢氧化钠、磷酸钠、碳酸钠溶液内加入适量的表面活性剂；酸洗法，如用盐酸加缓蚀剂、柠檬酸等有机酸清洗；还可用碱洗和酸洗交替等方法。对氧化铁类沉积物的清洗，如果设备内部有油垢时，先进行碱洗，然后清水洗涤，接着进行酸洗。对氧化铁、铜及氧化铜类沉积物清洗，沉积物中除氧化铁外还有铜或氧化铜等物质，仅用酸洗法不能清除，应先用氨溶液除去沉积物中的铜，然后进行酸洗，因为铜和铜的氧化物污垢和铁的氧化物大都呈现层叠状积附，故交替使用氨水和酸类进行清洗；如果铜或铜的氧化物污垢积附较多，在酸洗时一定要添加铜离子封闭剂，以防因铜离子的电极沉积引起腐蚀。对硫化铁沉积物进行清洗时，在石油化工装置中除硫化铁沉积物外，还积附氧化铁类沉积物，这类沉积物中大多数是氧化铁、硫化铁以混合状态积附，其中还含有少量油分，沉积物较为坚硬，清洗时，先将设备加热到 300℃ 左右，时间为 2 ~ 3 h，使沉积物裂化除去油分，然后再进行酸洗；加热时应控制温度，防止设备管道过热；酸洗时由于有硫化氢气体产生，必须另设管道处理防止中毒。对碳酸盐类水垢的清洗，锅炉受热面上若结有碳酸盐水垢，可用盐酸加缓蚀剂的方法清洗。在配制酸洗液时应注意个人防护，酸洗液放入锅炉宜分两次，先灌入一半，若锅炉内反应不是很激烈，则可将另一半灌入。打开锅筒上的放空阀（或其他阀门）以便使酸洗过程中产生的气体排出，采用化学清洗后的废液应予以处理后方可排放。一般需将废液进行稀释沉淀、过滤等，使污染物浓度降低到允许的排放标准后排放；或采用化学药品，通过中和、氧化、还原、凝聚、吸附及离子交换等方法把酸性或碱性废液处理至符合排放标准后排放；或排入全厂性的污水处理系统，统一处理后排放。

四、检修中的特殊作业

1. 动火作业

动火作业指在禁火区进行焊接与切割作业及在易燃易爆场所使用喷灯、电钻、砂轮等进行可能产生火焰、火花和赤热表面的临时性作业。动火作业分为特殊危险动火作业、一级动火作业和二级动火作业三类。进行动火作业应办理动火证审批手续，落实安全措施。

动火作业安全要点如下：

（1）审证。禁火区内动火应办理"动火许可证"的申请、审核和批准手续，明确动火的地点、时间、范围、动火方案、安全措施、现场监护人。没有"动火许可证"或"动火许可证"手续不齐、"动火许可证"已过期的不准动火；"动火许可证"上要求采取的安全措施没有落实之前也不准动火；动火地点或内容更改时应重办审证手续，否则也不准动火。进入设备内、高处进行动火作业，还要办理相关许可证。特殊危险动火作业和一级动火作业的"动火安全作业证"有效期不超过24 h，二级动火作业的"动火安全作业证"有效期不超过120 h。

（2）联系。动火前要和生产车间、工段联系，明确动火的设备、位置。由生产部门指定人员负责动火设备的置换、扫线、清洗或清扫工作，并做书面记录。由审证的安全保卫部门通知邻近车间、工段或部门，提出动火期间的要求，如动火期间关闭门窗、不要进行放料、不要放空等。

（3）拆迁。凡能拆迁到固定动火区或其他安全地方进行动火的作业不应放在生产现场（禁火区）内进行，尽量减少禁火区内的动火工作量。

（4）隔离。动火设备应与其他生产系统可靠隔离，防止运行中设备、管道内的物料泄漏入动火设备中，将动火区与其他区域采用临时隔火墙等措施隔开，防止火星飞溅而引起事故。

（5）移去可燃物。将动火地点周围 10 m 范围以内的一切可燃物，如溶剂、润滑油、未清洗的盛放过易燃液体的空桶、木柜、竹箩等转移到安全场所。

（6）灭火措施。动火期间，动火地点附近的水源要保证充足不能中断，动火现场准备好足够数量的适合的灭火器具。在危险性大的重要地段动火，消防车和消防人员应到现场。

（7）检查和监护。上述工作准备就绪后，根据动火制度的规定，厂、车间或安全、保卫部门负责人现场检查。对照动火方案中提出的安全措施检查是否已落实，并再次明确和落实现场监护人和动火现场指挥，交代安全注意事项。

（8）动火分析。取样与动火间隔不得超过半小时，如果超过此间隔或动火作业时间超过半小时必须重新取样分析。分析试样要保留到动火之后，分析数据应做记录，分析人员应在分析报告上签字。动火分析合格的标准按《生产区域动火作业安全规范（HG 30010—2013）》执行。

（9）动火。动火作业应由经安全考试合格的持特种作业上岗证的人员担任。

（10）善后处理。动火结束后应清理现场熄灭余火，做到不遗漏任何火种，切断动火作业所用的电源。

2. 动土作业

动土作业指挖土、打桩、地锚入土深度在 0.5 m 以上；地面堆放负重在 50 kg/m² 以上；使用推土机、压路机等施工机械进行填土或平整场地的作业。

化工企业内外地下有用于动力、通信和仪表等不同用途、不同规格的电缆，有上水、下水、循环水、冷却水、软水和消防水等口径不一，材料各异的生产、生活用水管，还有煤气管、蒸汽管、各种化学物料管。电缆、管道纵横交错。如果不明地下设施情况而进行动土作业，可能会挖断电缆、击穿管道、土石塌方、人员坠落，造成人员伤亡或全厂停电等重大事故。因此，进行动土作业必须办理"动土安全作业证"否则不准动土作业。

动土作业安全规程按《生产区域动土作业安全规范（HG 30016—2013）》执行。

3. 设备内作业

进入化工区域内的各类塔、球、釜、槽、罐、炉膛、锅筒、管道、容器及地下室、阴井、地坑、下水道或其他封闭场所内进行的作业称为设备内作业，常称罐内作业。化工检修及维护中的设备内作业十分频繁和动火作业一样是危险性很大的作业，事前应办理"设备内安全作业证"方可作业。

设备内作业安全要点如下：

（1）可靠隔离。进入设备内作业的设备必须和其他设备、管道可靠隔离，绝不允许其他系统中的介质进入检修的设备。

（2）切断电源。有搅拌机等机械装置的设备，进行设备内作业前应把传动带卸下，启动机械的电动机电源断开，如取下熔丝、拉下闸刀等，并上锁使其在检修中不能启动机械装置，还要在电源处挂上"有人检修，禁止合闸"的警告牌。

（3）清洗和置换。凡用惰性气体置换过的设备，进入前必须用空气置换出惰性气体，并对设备内空气中的含氧量进行测定，氧含量应在18%~21%的范围。对设备进行清洗，使设备内有毒气体、可燃气体浓度符合《化工企业安全管理制度》的规定。涂漆、除垢、焊接等作业过程中能产生易燃、有毒、有害气体，作业时应加强通风换气，并加强取样分析。

（4）设备外监护。设备内作业一般应指派两人以上作设备外监护。监护人应了解介质的理化性能、毒性、中毒症状和火灾、爆炸性；监护人应位于能经常看见设备内全部操作人员的位置，眼光不得离开操作人员；监护人除了向设备内作业人员递送工具、材料外，不得从事其他工作，更不准撤离岗位；发现设备内有异常时，应立即召集急救人员，设法将设备内受害人员救出。监护人应从事设备外的急救工作，如果没有人代替监护，即使在非常时候，监护人也不得自己进入设备内。凡进入设备内抢救的人员，必须根据现场的情况穿戴防护器具，绝不允许不采取任何个人防护措施而冒险进入设备救人。

（5）用电安全。设备内作业照明，使用的电动工具必须使用安全电压，若有可燃性物质存在，还应符合防爆要求。悬吊行灯时不能使导线承受张力，必须用附属的吊具来悬吊。行灯的防护装置和电动工具的机架等金属部分，应该用三芯软线或导线等预先可靠接地。

（6）个人防护。设备内作业前应使设备内及周围环境符合安全卫生要求。在不得已的情况下需戴防毒面具入罐作业，防毒面具务必在事前做严格检查，确保完好；规定在罐内的停留时间，严密监护、轮换作业。当设备内空气中含氧量和有毒有害物质浓度均符合安全规定时，仍应正确穿戴相关劳动防护用品进入设备。

（7）急救措施。根据设备的容积和形状、作业危险性大小和介质性质，应在作业前做好相应的急救准备工作。

（8）升降机具。设备内作业所用升降机具必须安全可靠。

（9）防止疏漏。作业开始前有关部门负责人应检查各项安全措施的落实情况，应在作业罐的明显位置挂上"罐内有人作业"字样的牌子。作业结束时清除杂物，把所有的工具材料、垫板、梯子等都搬出设备外，防止遗漏在罐内。

第三章 重大危险源与化学事故应急救援

第一节 重大危险源辨识与安全管理

一、重大危险源的定义

危险化学品重大危险源是指长期地或临时地生产、加工、使用或储存危险化学品，且危险化学品的数量等于或超过临界量的单元。单元是指一个（套）生产装置、设施或场所，或同属一个生产经营单位的且边缘距离小于 500 m 的几个（套）生产装置、设施或场所。临界量是指对于某种或某类危险化学品规定的数量，若单元中危险化学品数量等于或超过该数量，则该单元定义为重大危险源。

二、重大危险源的辨识标准及方法

1. 辨识依据

重大危险源的辨识依据是物质的危险特性及其数量，按《重大危险源辨识》的品名及其临界量加以确定。

2. 辨识指标

（1）单元中的一种危险物质数量达到或超过临界量。

（2）单元中的几种危险物质数量与其临界量之比的和大于 1，即：

$$\frac{q_1}{Q_1} + \frac{q_2}{Q_2} + \cdots + \frac{q_n}{Q_n} \geqslant 1$$

式中　$q_1, q_2, \ldots, q_n$——每一种危险物品的实际储存量；

　　　$Q_1, Q_2, \ldots, Q_n$——相对应危险物品的临界量。

三、重大危险源管理

加强重大危险源管理的目的，不仅是要预防重大事故发生，而且要做到一旦发生事故，能将事故危害限制到最低程度。通过一系列有计划、有组织的系统安全活动，保证重大危险源的安全运行。

1. 进行重大危险源辨识，使得管理对象更加明确。

2. 对重大危险源进行安全评价，通过安全评价发现隐患，以便进行整改。

3. 实行危险源登记制度。通过登记使政府部门能够清楚地了解重大危险源分布情况及安全水平，便于从宏观上进行管理与控制。

第二节　事故调查与处理

事故调查处理是安全管理的重要内容，主要是指对已发生事故的分析、处理等一系列管理活动。工作内容主要有事故发生的报告、事故应急救援、事故调查、事故分析、事故责任人的处理和事故赔偿等。

一、安全生产事故的分级

依据 2007 年 6 月 1 日实施的《生产安全事故报告和调查处理条例》第三条规定，根据生产安全事故造成的人员伤亡或者直接经济损失，事故一般分为以下等级：

1. 特别重大事故，是指造成 30 人以上死亡，或者 100 人以上重伤（包括急性工业中毒），或者 1 亿元以上直接经济损失的事故。

2. 重大事故，是指造成 10 人以上 30 人以下死亡，或者 50 人以上 100 人以下重伤，或者 5 000 万元以上 1 亿元以下直接经济损失的事故。

3. 较大事故，是指造成 3 人以上 10 人以下死亡，或者 10 人以上 50 人以下重伤，或者 1 000 万元以上 5 000 万元以下直接经济损失的事故。

4. 一般事故，是指造成 3 人以下死亡，或者 10 人以下重伤，或者 1 000 万元以下直接经济损失的事故。

二、事故报告制度

企业发生伤亡事故和职业病事故后，必须及时向相关部门如实报告。发生事故不报告，甚至故意隐瞒事故真相，有关责任人将受到法律制裁。

事故发生后，事故现场有关人员应当立即向本单位负责人报告；单位负责人接到报告后，应当于 1 h 内向事故发生地县级以上人民政府安全生产监督管理部门和负有安全生产监督管理职责的有关部门报告。情况紧急时，事故现场有关人员可以直接向事故发生地县级以上人民政府安全生产监督管理部门和负有安全生产监督管理职责的有关部门报告。

报告事故应当包括下列内容：

1. 事故发生单位概况。

2. 事故发生的时间、地点及事故现场情况。

3. 事故的简要经过。

4. 事故已经造成或者可能造成的伤亡人数（包括下落不明的人数）和初步估计的直接经济损失。

5. 已经采取的措施。

6. 其他应当报告的情况。

三、事故调查

1. 事故调查的原则

（1）事故调查必须以事实为依据，以科学为手段，在充分调查研究的基础上科学、公正、实事求是地给出事故调查结论。

（2）事故调查必须遵循"四不放过"的原则，即事故原因不查清不放过、事故责任者和群众没有受到教育不放过、事故责任者没有受到追究不放过、没有采取相应的预防改进措施不放过。

（3）依靠专家和科学技术手段。

（4）第三方的原则。

（5）不干涉、不阻碍的原则。

2. 事故调查的内容

主要了解发生事故的具体时间和具体地点；检查现场，做好详细记录；了解受害人数、伤害程度、事故的起因物；向事故当事人及现场人员了解发生事故前的生产情况（包括作业人员的任务、分工及工艺条件、设备完好情况等）；了解受害者情况、经济损失情况等。

3．事故调查程序

（1）成立事故调查小组。

（2）事故调查物质准备。

（3）事故现场处理。

（4）事故现场勘查与物证获取。

（5）其他有关事故资料的收集。

（6）事故分析。

（7）编写事故调查报告。

四、事故处理

有关机关应当按照人民政府的批复，依照法律、行政法规规定的权限和程序，对事故发生单位和有关人员进行行政处罚，对负有事故责任的国家工作人员进行处分。事故发生单位应当按照负责事故调查的人民政府的批复，对本单位负有事故责任的人员进行处理。负有事故责任的人员涉嫌犯罪的，依法追究法律责任。

五、事故赔偿

企业发生伤亡事故后，职工的伤亡赔偿、医疗费用、工伤待遇等按照国家《工伤保险条例》执行。如果企业参加了社会工伤保险，按照要求交纳了工伤保险金，上述费用将由保险公司支付；如果没有参加工伤保险，则由企业按照工伤保险标准支付各种费用。因此，无论企业是否参加了工伤保险，事故后的赔偿及职工待遇以《工伤保险条例》为依据。

第三节　危险化学品事故应急救援

事故应急救援是指在应急响应过程中，为消除、减少事故危害，防止事故扩大或恶化，最大限度地降低事故造成的损失或危害而采取的救援措施或行动。《中华人民共和国安全生产法》及《危险化学品安全管理条例》对事故应急救援和应急措施做出了明确的规定。

《生产经营单位安全生产事故应急预案编制导则》（AQ/T 9002—2006）适用于中华人民共和国领域内从事生产经营活动的单位，标准规定了生产经营单位编制安全生产事故应急预案的程序、内容和要素等基本要求。生产经营单位结合本单位的组织结构、管理模式、风险种类、生产规模等特点，可以对应急预案框架结构等要素进行调整。

一、事故应急救援的任务

事故应急救援的任务如下：

1. 立即组织营救受害人员，组织撤离或通过其他措施保护事故危害区域内的其他人员。

2. 迅速控制危险源，并对事故危害的性质、区域范围、危害程度进行检验。

3. 做好现场清洁，消除危害后果。

4. 查清事故原因，评估危害程度。

二、事故应急救援预案的主要内容

《生产经营单位安全生产事故应急预案编制导则》明确了综合应急预案、专项应急预案及现场处置方案的主要内容。

综合应急预案包括以下十项主要内容：

1. 总则

包括编制目的、编制依据、适用范围、应急预案体系、应急工作原则。

2. 生产经营单位的危险性分析

包括生产经营单位概况、危险源与风险分析。

3. 组织机构及职责

包括应急组织体系、指挥机构及职责。

4. 预防与预警

包括危险源监控、预警行动、信息报告与处置。

5. 应急响应

包括响应分级、响应程序、应急结束。

6．信息发布

明确事故信息发布的部门，发布原则。事故信息应由事故现场指挥部及时准确地向新闻媒体通报事故信息。

7．后期处置

主要包括污染物处理、事故后果影响消除、生产秩序恢复、善后赔偿、抢险过程和应急救援能力评估及应急预案的修订等内容。

8．保障措施

包括通信与信息保障、应急队伍保障、应急物资装备保障、经费保障、其他保障。

9．培训与演练

包括培训及演练的相关计划方案等。

10．奖惩

明确事故应急救援工作中奖励和处罚的条件和内容。

三、应急救援预案的演练

有了应急救援预案，如果响应人员不能充分理解自己的职责与预案实施步骤，应急人员没有足够的应急经验与实战能力，那么预案的实施效果将会大打折扣，达不到预案的制定目的。为了提高应急援人员的技术水平与整体能力，使救援达到快速、有序、有效的目的，经常开展应急救援培训、演练是非常必要的。

中华人民共和国安全生产行业标准《生产安全事故应急演练指南》（AQ/T 9007—2011）对安全生产应急演练的目的、原则、类型、内容、组织与实施、评估与总结和持续改进等方面做出了规定，各级政府及其组成部门、生产经营单位组织开展安全生产应急演练活动时可参照执行。

第四节　现场急救与逃生

一、中毒窒息事故的救护

如果发生中毒窒息事故，则应按照下述方法进行抢救：

1．抢救人员在进入危险区域前必须戴上防毒面具、自救器等防护用品，必要时也应给中毒者戴上，要迅速把中毒者移到具有新鲜空气的地方，静卧保暖。

2. 如果是一氧化碳中毒，在中毒者还没有停止呼吸或呼吸虽已停止但心脏还在跳动时，救护人员在清除中毒者口腔、鼻腔内的杂物使呼吸道保持畅通以后，要立即进行人工呼吸。若中毒者心脏跳动也停止了，应迅速进行心脏胸外按压，同时进行人工呼吸。

3. 如果是硫化氢中毒，在救护人员进行人工呼吸之前，要用浸透食盐溶液的棉花或手帕盖住中毒者的口鼻。

4. 如果是因瓦斯或二氧化碳窒息，情况不太严重时，只要把窒息者移到空气新鲜的场所稍作休息后窒息者就会苏醒。假如窒息时间较长，就要进行人工呼吸抢救。

5. 在救护中，急救人员一定要沉着，动作要迅速。在进行急救的同时，应通知医生到现场进行诊治。

二、建筑物内发生火灾的自救

建筑物内发生火灾以后，主要从以下三个方面进行自救：

1. 灭火

及时灭火是火灾自救的首选手段。面对初期火灾，使用燃气的应立即断开燃气阀，切断电源等，并利用灭火器和消火栓的消防龙头果断将火扑灭。

2. 报警

在扑救初期火灾的同时，应立即拨通"119"火警电话，报清详细地址、单位名称或着火部位、着火物质、火情大小及报警人姓名、电话号码，消防队一般在 5 min 左右就会到达现场。

3. 逃生

人们在扑灭初期火灾无效时，应及时逃生。逃生时要注意以下几点：

（1）不要惊慌，要尽可能做到沉着、冷静，更不要大吵大叫，互相拥挤。

（2）正确判断火源、火势和蔓延方向，以便选择合适的逃离路线。

（3）回忆和判断安全出口的方向、位置，以便在最短时间内找到安全出口。

（4）要有互助友爱精神、听从指挥，有秩序地撤离火场。

（5）在逃生时，必须采取措施。因为火灾现场浓烟是有毒的，而且浓烟在室内的上方集聚，所以越低的地方越安全。逃生者要就地将衣服、帽子、手帕等物弄湿，捂住自己的嘴、鼻，防止烟气呛人或毒气中毒，采用低姿或爬行的方法逃离。

（6）无法逃离火场时，要选择相对安全的地方躲避，等待救助。火若是从楼道方向蔓延的，可以关紧房门，向门上泼水降温，设法呼救等待救助。注意不要鲁莽行事，以免造成其他伤害。

（7）遇到火灾时，千万不要乘电梯。

三、毒气泄漏场所逃生

遇到毒气泄漏时，应该立即报告相关部门，因为对于毒气泄漏的处理是具有特殊要求的。作为一般人员，也要了解一些毒气泄漏处理的常识。

1. 若在毒气泄漏现场，应立即穿戴防护服装，并检查防毒面具是否有损坏，能否起到防护作用。如果没有佩戴防护服装或防毒面具，就应该尽快用衣服、帽子、口罩等，保护自己的眼、鼻、口腔，防止毒气摄入。

2. 当毒气泄漏量很大，而又无法采取措施防止泄漏时，特别是在通风条件差、较密闭的场所，在场人员应迅速逃离毒气泄漏场所。

3. 不要慌乱、拥挤，要听从指挥，特别是人员较多时更不能慌乱，也不要大喊大叫，要镇静、沉着，有秩序地撤离。

4. 撤离时要弄清楚毒气的流向，不可顺着毒气流动的风向走而要逆向逃离。

5. 逃离泄漏区后，应立即到医院检查，必要时进行排毒治疗。

6. 发生毒气泄漏，若没有穿戴防护服，绝不能进入事故现场救人，以避免扩大伤害范围。

第四章　职业卫生与个体防护

第一节　职业卫生基础知识

一、职业卫生

1. 职业卫生

职业卫生又称劳动卫生，是劳动保护的重要组成部分，也是预防医学中的一个专门学科。它主要是研究劳动条件对劳动者（及环境居民）健康的影响及对职业危害因素进行识别、评价、控制和消除，以保护劳动者的健康为目的的一门学科。

2. 职业卫生的研究对象

（1）研究和识别劳动生产过程中对劳动者及环境居民的健康产生不良影响的各种因素（职业危害因素），为改善劳动条件提出措施及卫生要求。

（2）研究和确定职业病及与职业有关疾病的病因，提出诊断标准和防治对策。

（3）研究和制定职业卫生法律、法规及标准，并付诸实施。

3. 职业卫生的基本任务

改善生产职业活动中的劳动环境，控制和消除有害因素对人体的危害，防止职业病的发生，以达到保护劳动者身体健康，提高劳动生产效率，促进生产发展的目的。

二、职业病范围

1. 概念

《中华人民共和国职业病防治法》中规定，职业病是指企业、事业单位和个体经济组织等用人单位的劳动者在职业活动中，因接触粉尘、放射性物质和其他有毒、有害因素而引起的疾病。

2. 职业病的分类

目前，我国法定的职业病是由国家卫生和计划生育委员会、人力资源和社会保障部、安全生产监督管理总局、全国总工会发布。职业病共分 10 大类 132 种。

（1）职业性尘肺病及其他呼吸系统疾病 19 种。尘肺病包括矽肺、煤工尘肺、石墨尘肺、炭黑尘肺、石棉肺、滑石尘肺、水泥尘肺、云母尘肺、陶工尘肺、铝尘肺、电焊工尘肺、铸工尘肺、根据《尘肺病诊断标准》和《尘肺病理诊断标准》可以诊断的其他尘肺病 13 种。其他呼吸系统疾病包括过敏性肺炎、棉尘病、哮喘、金属及其化合物粉尘肺沉着病（锡、铁、锑、钡及其化合物等）、刺激性化学物所致慢性阻塞性肺疾病、硬金属肺病 6 种。

（2）职业性皮肤病 8 种。接触性皮炎、光接触性皮炎、电光性皮炎、黑变病、痤疮、溃疡、化学性皮肤灼伤、白斑、根据《职业性皮肤病的诊断总则》可以诊断的其他职业性皮肤病。

（3）职业性眼病 3 种。化学性眼部灼伤、电光性眼炎、白内障（含放射性白内障、三硝基甲苯白内障）。

（4）职业性耳鼻喉口腔疾病 4 种。噪声聋、铬鼻病、牙酸蚀病、爆震聋。

（5）职业性化学中毒 60 种。铅及其化合物中毒（不包括四乙基铅）、汞及其他合物中毒、锰及其化合物中毒、铊及其化合物中毒、氯气中毒、氨中毒、一氧化碳中毒、硫化氢中每、苯中毒、汽油中毒、杀虫脒中毒、氯乙酸中毒等。

（6）物理因素所致职业病 7 种。中暑、减压病、高原病、航空病、手臂振动病、激光所致眼（角膜、晶状体、视网膜）损伤、冻伤。

（7）职业性放射性疾病 11 种。外照射急性放射病、外照射亚急性放射病、外照射慢性放射病、内照射放射病、放射性皮肤疾病、放射性肿瘤（含矿工高氡暴露所致肺癌）、放射性骨损伤、放射性甲状腺疾病、放射性腺疾病、放射复合伤、根据《职业性放射性疾病诊断标准（总则)》可以诊断的其他放射性损伤。

（8）职业性传染病5种。炭疽、森林脑炎、布鲁氏菌病、艾滋病（限于医疗卫生人员及人民警察）、莱姆病。

（9）职业性肿瘤11种。石棉所致肺癌、间皮瘤、联苯胺所致膀胱癌、苯所致白血病、氯甲醚、双氯甲醚所致肺癌、砷及其化合物所致肺癌、皮肤癌、氯乙烯所致肝血管肉瘤、焦炉逸散物所致肺癌、六价铬化合物所致肺癌、毛沸石所致肺癌、胸膜间皮瘤、煤焦油、煤焦油沥青、石油沥清所致皮肤癌、β-萘胺所致膀胱癌。

（10）其他职业病3种。金属烟热、滑囊炎（限于井下工人）、股静脉血栓综合征、股动脉闭塞症或淋巴管闭塞症（限于刮研作业人员）。

3. 职业病的特点

职业病是由于职业有害因素作用于人体的强度和时间超过一定限度，人体不能代偿而造成的功能性或器质性病理改变，从而出现相应的临床征象，影响劳动力。职业病具有五个特点。

（1）病因明确。职业病都有明确的致病因素即职业有害因素，消除该有害因素后，可以完全控制职业病的发生。

（2）发病具有接触反应关系，大多数病因是可以通过监测手段衡量的，接触和效应指标之间有明确的剂量—反应关系。

（3）发病具有聚集性。在不同的接触人群中，常有不同的发病群体。

（4）可以预防。如能早诊断，合理处理，愈后较好。

（5）大多数职业病目前尚缺乏特效治疗手段，因此职业人群的保护预防措施显得格外重要。

三、职业病的预防

在新建、扩建、改建厂房，或采用新工艺、使用新原料前，应认真考虑预防职业病的问题，认真做好卫生设计工作，对已投产的厂房应从以下措施着手。

1. 生产技术

大搞技术革新、工艺改造。这是预防职业病的重要途径，从根本上改善劳动条件，控制和消除某些职业性毒害；开展废气、废水和废渣的综合利用，变"三废"为"三宝"，不仅可回收化工原料，而且大大减少毒物的危害。

2．技术措施

增加通风排气设备，对少数高毒物质必须采取严格密闭，隔离式操作，以避免或减少直接接触。

3．预防措施

建立劳动卫生职业病防治网。由各级领导负责，有关方面大力协作，建立一个专业防治机构以及劳动防护专职人员组成的防治网，开展职业病的防治工作。建立空气中毒物浓度测定制度，定期测定以提供改进预防措施的依据。建立工作前体检、定期体检制度。定期体检目的在于早期发现毒物对人体的影响，早期诊断，早期治疗。

4．合理使用个人防护用品

使用个人防护用品是预防职业中毒的一种辅助措施，个人防护用品包括防护服、口罩、面具、袖套、眼镜等。

四、职业卫生的三级预防原则

职业卫生属于预防医学的范畴，其工作应遵循预防医学的三级预防原则。

1．一级预防

不接触职业危害因素，采取措施改进生产工艺、生产过程并治理作业环境的职业危害因素，使劳动条件达到国家标准，创造对劳动者的健康没有危害的生产劳动环境。

2．二级预防

在一级预防达不到要求，职业危害因素已经开始损及劳动者的健康的情况下，应尽早地发现职业危害作业点及职业病病症，对接触职业危害因素的职工进行定期身体检查，以便及早发现问题和病情，迅速采取补救措施。

3．三级预防

对已患职业病者，应正确诊断及时处理，及时调离有害作业岗位，积极给予综合治疗和康复治疗，防止病情恶化和并发症，以尽快恢复健康。

五、职业病患者的确认和待遇

职业病的诊断与职业病病人保障应按国家颁发的《中华人民共和国职业病防治法》及其有关规定执行。凡被确诊患有职业病的职工，职业病诊断机构应发给"职业病诊断证明书"，享受国家规定的工伤保险待遇或职业病待遇。

职工被确诊患有职业病后，其所在单位应根据职业病诊断机构的意见，安排其医治或疗养。在医治或疗养后被确认不宜继续从事原有害作业或工作的，应在确认之日起的两个月内将其调离原工作岗位，另行安排工作。

从事有害作业的职工，其所在单位必须为其建立健康档案。变动工作单位时，事先需经当地职业病防治机构进行健康检查，其检查材料装入健康档案。

各级工会组织有权监督检查患职业病的职工有关待遇的处理情况，对于不按国家规定处理，损害职工合法权益的单位应出面进行交涉，直至代表职工本人向法院起诉。

第二节　职业危害及预防

一、中毒与防毒

危险化学品中含有有毒及有害成分，对从事危险化学品的作业人员的健康造成极大的威胁。

1. 化学品的毒性危害

有毒化学品对人体的危害最主要是引起中毒。中毒是指人体在有毒化学品的作用下发生功能性和器质性改变后而出现的疾病状态，是各种毒性作用后果的综合表现。有毒化学品对人体危害主要有以下几方面：

（1）引起刺激。一般受刺激的部位为皮肤、眼睛和呼吸系统，如引起皮炎、咳嗽、流泪等。

（2）过敏。刚开始接触时可能不会出现过敏症状，然而长时间的暴露会引起身体的反应。即便是接触低浓度化学物质也会产生过敏反应，皮肤和呼吸系统可能会受到过敏反应的影响，如引起皮疹、水疱或引起职业性哮喘。

（3）缺氧（窒息）。当空气中一氧化碳含量达到 0.05% 时就会导致血液携氧能力严重下降，称为血液内窒息。另外，如氰化氢、硫化氢这些物质会影响细胞和氧的结合能力，即使血液中含氧充足，也会出现窒息情况，这种情况称为细胞内窒息。

（4）昏迷和麻醉。高浓度的某些化学品，如丙醇、丙酮、乙炔、乙醚、异丙醚会导致中枢神经抑制，这些化学品有类似醉酒的作用，一次大量接触可导致昏迷甚至死亡。

（5）全身中毒。全身中毒是指化学物质引起的对一个或多个系统产生有害影响并扩展到全身的现象，这种作用不局限于身体的某一点或某一区域。如苯酚，长期接触可引起全身中毒。

（6）尘肺。尘肺是由于在肺的换气区域发生了小尘粒的沉积及肺组织对这些沉积物的反应。一般很难在早期发现肺的变化，当 X 射线检查发现这些变化的时候病情已经较重。尘肺病患者肺的换气功能下降，在紧张活动时将发生呼吸短促症状，这种作用是不可逆的。能引起尘肺病的物质有石英晶体、石棉、滑石粉、煤粉和铍。

（7）致畸、致癌、致突变。接触危险化学品可能对未出生的胎儿造成危害，干扰胎儿的正常发育。一些试验结果表明80%～85%的致癌化学物质对后代都有影响，而85%的癌症与化学物质接触有关，有些癌症要在接触化学物质多年以后才表现出来，潜伏期一般为 4～40 年。

2. 毒物进入人体的途径

毒物进入人体的途径通常有以下三种：

（1）呼吸道吸收。在生产条件下，毒物多数是经呼吸道进入人体的。这是最主要、最常见、最危险的途径。在生产过程中，以气体蒸气、雾、烟、粉尘等不同形态存在于生产环境中的毒物随时可被吸入呼吸道。

（2）皮肤吸收。有些毒物可以通过皮肤、毛囊、皮脂腺、汗腺而被吸收。由于表皮的屏障作用，相对分子质量大于 300 的物质不易被吸收。只有高度脂溶性和水溶性的物质（如苯胺）才易经皮肤吸收。毒物经毛囊、皮脂腺和汗腺吸收时绕过表皮，故电解质和某些金属，特别是金属汞可经此途径被吸收。

（3）胃肠道吸收。在生产环境中，毒物单纯经胃肠道吸收的情况比较少见，多是不良卫生习惯造成的，如使用被毒物污染的手直接拿食物吃或饮水而导致中毒。毒物进入胃肠道后，大多随粪便排出，只有一小部分进入血液循环系统。

3. 常见的职业中毒

（1）刺激性气体中毒。刺激性气体是指对人的眼睛、皮肤，特别是对呼吸道具有刺激作用的一类气体的总称。常见的刺激性气体主要有氯气、氨气、氮氧化物、光气、二氧化硫等。刺激性气体对人体健康的危害与接触浓度的大小和接触时间的长短有关，轻度刺激作用可以是短暂的，也可以是一次性的，不再接触或吸入，不适反应很快就会消失，不治也可能痊愈；明显或严重的刺激作用，不仅出现刺激反应，而且会造成人体器官、系统组织的破坏，出现一系列症状体征，甚至危及人的生命。

（2）窒息性气体中毒。窒息性气体是指吸入该气体后，会造成人体组织处于缺氧状态的一类气体。窒息性气体一般分为以下三类：

1）单纯窒息性气体。如氮气、甲烷、二氧化碳等，这类气体本身毒性很小或无毒，但当它们在空气中的含量增加时，就会相应降低空气中氧的含量，造成人体吸入氧不足而发生窒息。

2）血液窒息性气体。如一氧化碳，吸入后造成红细胞输送氧的能力降低而发生窒息。

3）细胞窒息性气体。如硫化氢、氰化氢等，吸入后造成人体组织细胞不能利用氧而发生窒息。

（3）铅中毒。在开采铅矿、铅冶炼、铅排印等操作中，经常可接触到铅，因接触的剂量不同可导致急性铅中毒和慢性铅中毒，从而引起肝、脑、肾等器官的改变。

（4）汞中毒。接触汞可引起急性中毒和慢性中毒症状，其中慢性汞中毒是职业性汞中毒中最常见的类型。主要表现有口腔炎，部分患者出现全身皮疹、神经衰弱综合征等，有时肾脏也会受损害。

（5）苯中毒。苯应用非常广泛，工业上接触苯的机会也比较多。急性苯中毒主要表现为中枢神经系统症状，部分患者可出现化学性肺炎、肺水肿及肝肾损害。慢性苯中毒主要影响造血功能系统及中枢神经系统。

4. 防毒措施

预防有毒化学品对人体的危害，必须坚持"预防为主，防治结合"的方针，必须坚持"分类管理，综合治理"的原则，必须实施"法制管理，技术控制，全民教育"的策略。防毒的具体措施主要包括技术、教育、管理三项措施。防毒技术措施主要是指对工艺、设备、操作方面，从安全防毒角度考虑设计、计划、检查、保养等措施，如进行工艺改革，以无毒、低毒的物料代替有毒高毒的物料，生产设备管道化、密闭化、机械操作自动化等。防毒的教育、管理措施主要是加强防毒的宣传教育，健全有关防毒的管理制度，严格执行"三同时"方针。对从事有毒有害作业工种的工人，实行保健措施，重视个人卫生，同时，各单位的卫生保健部门应培训医务人员进行有关中毒的急救处理，积极开展预防职业中毒的各项工作。

二、粉尘危害及预防

粉尘是指能够长时间浮游于空气中的固体微粒。在生产过程中形成的粉尘称为生产性粉尘。生产性粉尘根据其性质可分为无机粉尘（如石棉、煤粉、滑石粉等）、有机粉尘（如面粉、炸药、树脂等）和混合性粉尘，生产中最常见的是混合性粉尘。

1. 粉尘对健康的危害

（1）尘肺。长期吸入粉尘达到一定量后，引起以肺组织为主的全身性疾病称为尘肺。尘肺是目前我国最严重的职业危害病，我国卫生部公布的职业病名单中，列有 13 种尘肺病，如石棉肺、煤尘肺和矽肺等。

（2）中毒。吸入含铅、砷、锰、铍的粉尘可引起职业性中毒。

（3）粉尘沉着症。吸入一定量的铁、锡、钡等粉尘（如容器除锈时不注意防护，可吸入铁末尘），尘末在肺部沉着，构成一种病情轻、进展慢的肺部疾病称为粉尘沉着症。

（4）过敏性疾病。吸入含苯酐的粉尘、甲苯二异氰酸酯可引起哮喘。

（5）局部作用。粉尘可造成皮脂腺孔堵塞，使皮肤干燥、皱裂，引起粉刺、毛囊炎，严重时可引起脓皮病。

2．粉尘的预防措施

我国在防尘工作中总结出来的行之有效的经验是"革、水、密、风、护、管、教、查"的八字方针。"革"是指技术革新和技术改造；"水"是指湿式作业；"密"是指密闭尘源；"风"是指抽风除尘；"护"即个人防护；"管"是指维护管理，建立各种制度；"教"是指宣传教育；"查"是指及时检查，定期测尘和进行健康检查。只要能合理地执行八字方针，粉尘的危害是完全可以减少或消除的。

三、物理性危害因素及预防

1．噪声危害与预防

（1）噪声的危害。噪声是指不同频率和不同强度的声音无规律地组合在一起所形成的声音，是人们不希望有的声音，是一种公害。它不仅能使一些物理装置和设备产生疲劳和失效，干扰人们对其他声源信号的感觉和鉴别，更重要的是会影响人们的生活和工作。通过对生产现场的调查和临床观察证明，无防护措施的生产性强噪声，对人体能产生多种不良影响，甚至形成噪声性疾病。主要表现在以下两方面：

1）对听觉系统的影响。每个人对噪声的感觉各不相同，但任何人的听觉都会受到噪声的损害。当脱离噪声影响一段时间后，听力仍能恢复。但是一旦发生暂时性听觉位移，如不及时采取预防措施，就很容易发生永久性听觉位移，继而发展成为噪声性耳聋。

2）对神经、消化、心血管等系统的影响。噪声可引起头痛、头晕、记忆力减退、睡眠障碍等神经衰弱综合征；可引起心率加快或减慢、血压升高或降低等改变；也可引起食欲减退、腹胀等胃肠功能紊乱；还可对视力、血糖等产生影响。

（2）噪声的预防措施

1）严格执行噪声卫生标准。为了保护劳动者听力不受损伤，国家制定了《工业企业设计卫生标准》。标准中规定，操作人员每天连续接触噪声 8 h，噪声声级卫生限制为 85 dB；若每天接触噪声时间达不到 8 h 者，可根据实际接触时间，按照接触时间减半，允许增加 3 dB，但是噪声接触强度最大不得超过 115 dB。

2）噪声控制。这是控制噪声最根本的办法。主要应在设计、制造生产工具或机械过程中，通过工艺改革，机械结构改造、隔声、控制设备振动等措施来尽力实现。另外，还应控制噪声的传播，如可利用多孔吸声材料进行室内噪声的吸声；在操作室与存在噪声源场所之间安装双层玻璃窗进行隔声；对机泵、电动机、空气压缩机之类的设备可根据吸声反射、干涉等原理设计消声部件进行消声。

3）正确使用和选择个人防护用品。在强噪声环境中工作的人员，要合理选择和利用个人防护器材，如耳罩、耳塞、防噪声头盔等。

4）医学监护。就业前认真做好健康体检，严格控制职业禁忌。对从业人员要定期进行健康体检，发现有明显听力影响者，要及时调离噪声作业环境。

2. 振动危害与预防

（1）振动的危害。物体在外力作用下以中心位置为基准，做直线或弧线的往复运动称为振动。人体器官在经受振动中有各种感觉方式，从愉快的到不愉快的、不安甚至是危害性的。振动分为局部振动和全身振动。长期接触局部振动的人，可有头昏、失眠、心悸、乏力等不适，还有手麻、手痛、手凉、手掌多汗、遇冷后手指发白等症状，甚至出现拿不稳工具、吃饭掉筷子的现象。而长期全身振动，可出现脸色苍白、出汗、唾液多、恶心、呕吐、头痛、头晕、食欲不振等现象，还可有体温、血压降低、全身衰竭等症状。

（2）预防措施

1）改革工艺。如用化学除锈剂代替强烈振动的机械除锈工艺，用水瀑清砂代替风铲清砂，用液压焊接、粘接代替铆接等，都可明显减少振动。

2）采取隔振措施。压缩机与楼板接触处，用橡胶垫等隔振材料，减少振动。

3）改进风动工具。采取减振措施，设计自动、半自动式操纵装置，减少手及肢体直接接触振动体，或提高工具把手温度，改进压缩空气进出口的方位，防止手部受冷风吹袭。

4）合理安排接振时间。可以通过采取轮流作业或增加工间休息时间来达到。

5）加强个人防护。个人防护也是预防振动的一个重要方面，可配备减振手套，休息时用 40～60℃ 的热水浸泡手，每次 10 min 左右。就业前和就业后定期体格检查，凡是不适合从事振动作业的人要妥善安排其他工作。

3. 辐射危害与预防

（1）辐射的危害。辐射是能量的一种形式，一般无法通过视觉、嗅觉、感觉、听觉和味觉来发现它的存在。辐射一般分为两类：电离辐射和非电离辐射。这两类辐射都会造成危害。凡是能引起物质电离的各种辐射都称为电离辐射，电离辐射的辐射源包括 X 射线、γ 射线、α 粒子、β 粒子、中子和其他核粒子。电离辐射能引起人体的职业病主要是放射病。放射性疾病是人体受各种电离辐射照射而发生的各种类型和不同程度损伤（或疾病）的总称，包括全身性放射性疾病，如急慢性放射病；局部放射性疾病，如急慢性放射性皮炎，放射性白内障；放射所致远期损伤，如放射所致白血病。非电离辐射包括紫外辐射、红外辐射、可见光辐射、射频辐射和微波、激光辐射。强烈的紫外辐射可引起电光性眼炎、皮炎等；红外线最容易引起的职业病是白内障；射频辐射可出现中枢神经系统和植物神经系统功能紊乱，心血管系统方面的疾病；而激光主要是使人的眼部和皮肤造成损伤。

（2）预防措施。对操作人员来说最基本的防护措施是减少外照射和防止内照射，即在进行放射性物质操作时要尽可能缩短被照射的时间，尽量加大操作人员与放射源的距离；正确使用个人防护用品，设置防护屏障；同时还要做好健康监护，定期对危险范围内的人员进行体格检查，有不适应者不得从事此项工作。

第三节　个体防护

个体防护器具的应用是防止职业危害因素直接侵入人体的最后一道防线。有些较差的劳动环境难以一时治理好，而劳动者的工作时间又较短时就应该做好个体防护，防止其危害。

一、呼吸系统防护

呼吸系统防护主要是防止有毒气体、蒸气、尘、烟、雾等有害物质经呼吸器官进入人体，从而对人体造成损害。在尘毒污染、事故处理、抢救、检修、剧毒操作以及在狭小仓库内作业时，要求都必须选用可靠的呼吸器官保护用具。

1. 呼吸防护设备的种类

按用途分，呼吸器可分为防尘、防毒、供氧三类。

按作用原理分，呼吸器分为过滤式（净化式）、隔绝式（供气式）两类。过滤式呼吸器的功能是滤除人体吸入空气中的有害气体、工业粉尘等，使之符合《工业企业设计卫生标准》。隔绝式呼吸器的功能是使戴用者呼吸系统与劳动环境隔离，由呼吸器自身供气（氧气或空气）或从清洁环境中引入纯净空气维持人体正常呼吸，适用于缺氧、严重污染等有生命危害的工作场所戴用。

2. 呼吸器官的防护

选用原则：一要防护有效；二要戴用舒适；三要经济。工作现场既要考虑可能发生的染毒危害，配备特殊的呼吸器，又要根据实际的污染程度选用呼吸器的品种。一般情况下，过滤式面具适合毒物浓度不高的场合，在毒物浓度高的情况下，应用氧气呼吸器或空气呼吸器。使用呼吸器前一定要检查并确认完好，并学会正确的使用方法。

二、头部防护

1. 头部的伤害因素

（1）物体打击伤害。在生产过程中，如开采矿山、建筑施工、爆破等，可能发生物件、岩石、土块、工具和零部件等从高处坠落或抛出，击中在场人员的头部而造成头部伤害。

（2）机械性损伤。生产过程中旋转的机床、叶轮、传送带等，可造成作业人员的毛发和头皮受损，严重时还会危及生命。

（3）高处坠落伤害。在生产中，如进行安装、维修、攀高等高处作业时有可能发生人体坠落事故。

（4）毛发（头皮）的污染伤害。粉尘作业、农药喷射时容易污染毛发。

2. 头部防护用品的种类

头部防护用品是为防御头部不受外来物体打击和其他因素危害而配备的个体防护装备。根据防护功能分为安全帽、工作帽和防护头罩三类。

（1）安全帽。安全帽是生产中广泛使用的头部防护用品，它的作用在于：当作业人员受到坠落物、硬质物体的冲击或挤压时，减少冲击力，消除或减轻其对人体头部的伤害。安全帽属于国家特种防护用品工业生产许可证管理的产品。标准《安全帽》（GB 2811—2007）是强制执行的标准。选择安全帽时，一定要选择符合国家标准规定、标志齐全，经检验合格的安全帽。使用安全帽时，要掌握正确的使用和保养方法。据有关部门统计，坠落物体伤人事故中15%是因为安全帽使用不当造成的。因此，在使用过程中一定要注意以下问题：

1）使用之前一定要检查安全帽上是否有裂纹、碰伤痕迹、磨损，安全帽上如存在影响其性能的明显缺陷就应该及时报废，以免影响防护作用。

2）不能随意在安全帽上拆卸或添加附件，以免影响其原有的防护性能。

3）不能随意调节帽的尺寸，因为安全帽的尺寸直接影响其防护性能。

4）使用时要将安全帽戴牢戴正，防止安全帽脱落。

5）受过冲击或做过试验的安全帽要予以报废。

6）不能私自在安全帽上打孔，以免影响其强度。

7）要注意安全帽的有效期，超过有效期的安全帽应该报废。

（2）工作帽。工作帽又叫护发帽，主要是对头部，特别是对头发起到保护作用，可以保护头发不受灰尘、油烟和其他环境因素的污染，也可以避免头发被卷入转动的传动带或滚轴里，还可以起到防止异物进入颈部的作用。

（3）防护头罩。防护头罩是使头部免受火焰、腐蚀性烟雾、粉尘及恶劣气候伤害的个人防护装备。

三、眼、面部防护

伤害眼、面部的因素较多，如各种高温热源、射线、光辐射、电磁辐射、气体、熔融金属等异物飞溅、爆炸等都是造成眼、面部伤害的因素。眼面部防护用品包括眼镜、眼罩和面罩三类。眼面部防护用品主要用以保护作业人员的眼面部，防止各种伤害。目前我国眼面部防护用品主要有：焊接用眼防护具、炉窑用眼防护具、防冲击眼防护具、微波防护镜、激光防护镜和尘毒防护镜等。

四、皮肤的防护

1. 护肤用品的种类

护肤剂分为水溶性和脂溶性两类，前者防油溶性毒物，后者防水溶性毒物。护肤剂一般会在整个劳动过程中使用，涂用时间长，上班时涂抹，下班后清洗，可起一定隔离作用，使皮肤得到保护。

2. 常用护肤用品

（1）防护膏。防护膏的作用是增加涂展性，即对皮肤的附着性，从而能隔绝有害物质的侵入。防护膏有亲水性防护膏、疏水性防护膏、遮光防护膏和滋润性防护膏。

（2）护肤霜。护肤霜主要用于预防和治疗皮肤干燥、粗糙、皲裂及职业性皮肤干燥。特别适宜用于接触吸水性或碱性粉尘、能溶解皮脂的有机溶剂和肥皂等碱性溶液的工作，也特别适用于露天、水上作业等工种。

（3）皮肤清洗剂。包括皮肤清洗液和皮肤干洗膏。皮肤清洗液适用于汽车修理、机械维修、机床加工、钳工装配、煤矿采挖、石油开采、原油提炼、印刷油印、设备清洗等行业。皮肤干洗膏主要用于在无水情况下，去除手上的油污，如汽车司机在途中检修排除故障、在野外勘探等情况。

（4）皮肤防护膜。皮肤防护膜又称隐形手套，其作用是附着于皮肤表面，阻止有害物质对皮肤的刺激和吸收作用。

五、手、足部的防护

1. 手部防护用品

手部防护是指劳动者根据作业环境中的有害因素戴用特别手套，以防止各种手伤事故。

防护手套主要品种有耐酸碱手套、电工绝缘手套、电焊工手套、防寒手套、耐油手套、防 X 射线手套、石棉手套等 10 余种。

2. 足部防护用品

足部防护用品是指劳动者根据作业环境中的有害因素，为防止可能发生的足部伤害或其他事故，所穿用的特制靴（鞋）。主要有防静电鞋和导电鞋、绝缘鞋、防砸鞋、防酸碱鞋、防油鞋、防滑鞋、防寒鞋、防水鞋等。

参 考 文 献

中国认证人员与培训机构国家许可委员会编. 职业健康安全专业基础 [M]. 北京：中国计量出版社，2003.

余华文. 企业员工安全生产知识必读 [M]. 合肥：中国科学技术大学出版社，2006.

张荣，张晓东. 危险化学品安全技术 [M]. 北京：化学工业出版社，2009.

李荫中. 危险化学品企业员工安全知识必读 [M]. 北京：中国石化出版社，2007.

赵秋生. 厂长经理和管理人员职业安全健康知识 [M]. 北京：化学工业出版社，2006.

张娜. 安全生产基础知识 [M]. 北京：中华工商联合出版社，2007.

北京英达管理培训中心、北京世纪德铭科技发展有限公司. 企业员工安全意识普及教材 [M]. 北京：中国计量出版社，2005.

邬燕云. 安全生产主要法律法规知识培训教材 [M]. 北京：企业管理出版社，2006.

张荣，练学宁. 危险化学品生产单位操作人员安全培训教程 [M]. 北京：中国劳动社会保障出版社，2010.

张荣. 危险化学品从业单位安全标准化操作手册 [M]. 北京：中国劳动社会保障出版社，2010.

唐朝纲. 危险化学品安全管理知识 [M]. 北京：机械工业出版社，2014.

和丽秋. 消防燃烧学 [M]. 北京：机械工业出版社，2014.

陈美宝，王文和. 危险化学品安全基础知识 [M]. 北京：中国劳动社会保障出版社，2010.

张荣. 职业安全教育［M］. 北京：化学工业出版社，2009.

国务院法制办公室工交商事法制司等联合编写. 危险化学品安全管理条例释义［M］. 北京：中国市场出版社，2011.

鞠江，范小花. 危险化学品安全法律法规［M］. 北京：中国劳动社会保障出版社，2010.

全国危险化学品管理标准化技术委员会编. 危险化学品标准汇编包装、储运卷基础标准［M］. 第2版. 北京：中国标准出版社，2011.

中国安全生产科学研究院组织编写. 危险化学品生产单位安全培训教程［M］. 第2版. 北京：化学工业出版社，2012.

胡永宁，马玉国，付林，俞万林. 危险化学品经营企业安全管理培训教程［M］. 北京：化学工业出版社，2011.

牟天明，张荣. 危险化学品企业班组长安全管理培训教程［M］. 北京：化学工业出版社，2012.

朱兆华，徐丙根. 危险化学品作业安全技术［M］. 北京：化学工业出版社，2013.

阚珂，杨元元. 中华人民共和国安全生产法释义［M］. 北京：中国民主法制出版社，2014.

张荣，练学宁. 危险化学品作业人员安全技术知识培训教程［M］. 北京：中国劳动社会保障出版社，2014.

陈会明，张静等. 化学品安全管理战略与政策［M］. 北京：化学工业出版社，2012.